Grünwald, Dez. 2021



Lieber Jonas,

in der Hoffnung, dass Du in diesem Buch ein paar hilfreiche Hinweise für Deine Aufgaben findest!

Viel Freude beim Lesen

Martin

# Trust-based Leadership – Führen durch Vertrauen

Martin Schmiedel

# Trust-based Leadership – Führen durch Vertrauen

## Erfolgreiche und leidenschaftliche Mitarbeiter durch Integrität und Wertschätzung

Springer Gabler

Martin Schmiedel
Erfolgstreiber
Grünwald, Deutschland

ISBN 978-3-658-14874-4 ISBN 978-3-658-14875-1 (eBook)
DOI 10.1007/978-3-658-14875-1

Die Deutsche Nationalbibliothek verzeichnet diese Publikation in der Deutschen Nationalbibliografie; detaillierte bibliografische Daten sind im Internet über http://dnb.d-nb.de abrufbar.

Springer Gabler


Fotonachweis Umschlag: crazymedia, www.stock.adobe.com

Gedruckt auf säurefreiem und chlorfrei gebleichtem Papier

Springer Gabler ist Teil von Springer Nature
Die eingetragene Gesellschaft ist Springer Fachmedien Wiesbaden GmbH
Die Anschrift der Gesellschaft ist: Abraham-Lincoln-Str. 46, 65189 Wiesbaden, Germany

# Vorwort

„Vertrauen ist der Anfang von allem."

An diesen Werbeslogan der Deutschen Bank erinnere ich mich noch sehr gut. Die Bank warb damit in den 1990er-Jahren um ihre Kundschaft und galt damals als Synonym für die Tradition des seriösen Bankgewerbes.

Und dann das: In den Sand gesetzte Peanuts, eine geplatzte Internetblase, als Ziel eine unglaubwürdig hohe Eigenkapitalrendite von 25 %, eine Finanzmarkt- und damit eine Glaubwürdigkeitskrise der gesamten Bankenbranche, doppelte Führungsspitzen, Anklagen wegen Zinsspekulationen gegen führende Mitarbeiter, Strafzahlungen in Milliardenhöhe, zuletzt die Schließung von 188 Filialen in Deutschland etc. – nur ein paar Beispiele aus den letzten knapp 20 Jahren dafür, warum die Deutsche Bank heute weitgehend ihr Vertrauen bei Privat- und Geschäftskunden, Anteilseignern und Anlegern und überhaupt in der Öffentlichkeit verspielt hat.

Welche Konsequenzen hat fehlendes Vertrauen für eine Bank? Sie wird von außen nur noch eingeschränkt als „sicher" wahrgenommen. Eine Bank, der wir ungern unser Geld, unsere Ersparnisse (und damit unser Vertrauen in die Zukunft) in die Hände legen. Eine Bank, die bei der Kreditvergabe selbstverständlich nach Sicherheiten fragt, weil Sicherheiten ihr Vertrauen in den Kunden stärkt.

Wäre diese unsichere Bank eine Person: Würden Sie mit dieser Person gern zusammenarbeiten? Ich nicht. Ich brauche Menschen an meiner Seite, auf die ich mich verlassen und denen ich vertrauen kann.

Das Misstrauen gegenüber Banken im Besonderen und der Finanzbranche im Allgemeinen ist nur ein Symptom für eine umfassende Krise, was das Vertrauen in Eliten betrifft. Von dieser Krise sind nicht nur Politiker und Medien betroffen, sondern auch Manager, so das Ergebnis des „Edelmann Trust Barometers", das jedes Jahr auf der Basis einer Befragung von über 30.000 Menschen in 28 Ländern erstellt wird. Demnach genießen inzwischen einfache Angestellte als Ansprechpartner das größte Vertrauen. Hingegen werden alle, die in der

Hierarchie darüber angesiedelt sind, als korrumpiert erachtet und gelten als wenig glaubwürdig: So vertrauen nur noch 37 % der Befragten Vorstandsvorsitzenden von Unternehmen. Firmenchefs müssten radikal umdenken und erst einmal davon ausgehen, dass ihnen sowieso niemand glaubt, erklärt Susanne Marell, die Chefin von Edelmann Deutschland (Knop 2017).

Vertrauen also. Ich habe mich gefragt, was Menschen im Geschäftsleben wirklich erfolgreich macht. Es dauerte nicht lange, bis ich auf eine plausible Antwort stieß: Erfolgreiche Menschen sind in der Lage, das Vertrauen anderer Menschen zu gewinnen, und schaffen es damit, dass diese Menschen in sie investieren.

Egal ob es um Zeit, Geld oder sonstige knappe Ressourcen geht: Menschen, denen es gelingt, das Vertrauen anderer zu gewinnen, sind erfolgreich.

Gute Verkäufer sind deswegen erfolgreich, weil ihre Kunden darauf vertrauen, dass sich ihre Investition rechnet. Gute Verhandlungsführer sind erfolgreich, weil ihre Gesprächspartner offen und ehrlich mit ihnen reden können, ohne dass sie befürchten müssen, die Inhalte ihrer Gespräche kurz darauf in den Medien zu entdecken. Erfolgreiche Verhandlungsführer behandeln solche Inhalte eben vertraulich.

Für Führungskräfte gilt dies im Besonderen: Sind sie in der Lage, das Vertrauen ihrer Mitarbeiter zu gewinnen, können sie es mit dem entsprechenden Handwerkszeug schaffen, diese zu Höchstleistungen zu bringen. Kein Mitarbeiter legt für einen Chef Überstunden ein, den er nicht für fähig hält, den er nicht mag, den er nicht akzeptiert, kurz: dem er nicht vertraut.

Auf der anderen Seite sind dankbare, loyale, fähige Mitarbeiter das Beste, was einer Führungskraft passieren kann. Ich selbst hatte in meiner Berufslaufbahn einige Male das Glück, als Führungskraft mit einem kompetenten, effizienten Team, dem ich blind vertraute, zu arbeiten und es zu Erfolgen zu führen. Vielleicht kennen Sie dieses Gefühl. Es ist einzigartig, es ist magisch. Es gab uns als Team eine besondere Energie, die uns zu noch größeren Leistungen beflügelte. Mir verschaffte diese Zusammenarbeit eine enorme Befriedigung, denn ich konnte sehen, wie sich die Arbeit von Monaten letztlich in Ergebnissen niederschlug, die meine Mitarbeiter und ich vorher nicht für möglich gehalten hatten.

Vertrauen aufzubauen ist schwer. Es zu zerstören dagegen leicht. Auch das musste ich leider mehrfach erleben. Sie kennen die Situation sicher: Sie starten nach intensiven Vorstellungsgesprächen und/oder Assessment Centern in einem Unternehmen, sind leistungsbereit und motiviert, freuen sich auf die Arbeit und schauen vielleicht sogar zu Ihrer Führungskraft auf (früher wurde das „Respekt“ genannt). Sie geben Ihrer Führungskraft einen Vertrauensvorschuss, denn Sie gehen davon aus: Irgendetwas wird sie oder ihn zu dieser Leitungsfunktion befähigen. Dann stellen sich langsam, aber unaufhörlich, in den darauffolgenden Wochen und Monaten erste Zweifel ein.

Dreimal habe ich in meinem Berufsleben selber gekündigt, ohne einen neuen Job in der Tasche zu haben. Der Grund war dabei immer der Gleiche: Ich verlor das Vertrauen in meine Führungskraft.

Heute halte ich Vorträge, arbeite als Coach und Berater. Bei jeder Gelegenheit spreche ich in meinen Coachings und Seminaren über Vertrauen. Nicht, weil ich das Thema auf die Agenda setze, sondern weil es von den Teilnehmern kommt, die das Wort „Vertrauen" nicht einmal explizit erwähnen.

Das vorliegende Buch behandelt das Thema Führung umfassend mit einem ganzheitlichen Ansatz. Es ist als Werkzeugkasten gedacht, den Sie ganz pragmatisch nach Ihrem Bedarf nutzen können: Arbeiten Sie es von vorne bis hinten durch oder nutzen Sie punktuell einzelne Kapitel, Checklisten und Tabellen, je nachdem, welches Instrument Sie gerade benötigen.

„Führen durch Vertrauen – Trust-based Leadership" legt mein Verständnis von Führung dar und gibt Ihnen eine Vielzahl an Werkzeugen für erfolgreiches Führen an die Hand. Es basiert auf meinen Erfahrungen als Führungskraft, Berater, Seminarleiter und Coach, ergänzt um die Methoden und Mittel, die ich selbst im Laufe der Jahre erlebt und erlernt habe.

Falls Sie die neuesten Trends und Moden der Psychologie und Managementliteratur suchen, dann legen Sie dieses Buch zur Seite, denn das finden Sie nicht darin. Ich will mich nicht daran beteiligen, den jeweils aktuellen Führungs-Hype zu befeuern. Es gibt so viele einfache und nützliche Erkenntnisse, Werkzeuge und Modelle, die völlig dafür ausreichen, um erfolgreiches Führen zu ermöglichen. Die meiner Meinung nach wichtigsten finden Sie auf den folgenden Seiten, zusammengefasst in unserem Konzept: Führen durch Vertrauen – Trust-based Leadership.

Viel Vergnügen beim Sammeln neuer Erkenntnisse und beim Anwenden der Führungsinstrumente!

Grünwald<br>im Juni 2017

Martin Schmiedel

**Weitere Online-Informationen zum Konzept und hilfreiche Inhalte zum Buch**

Dieses Buch stellt Ihnen einen umfangreichen Werkzeugkasten für Ihre Führungsarbeit zur Verfügung.

Wenn Sie darüber hinaus weitere Informationen und Inhalte zum Konzept „Trust-based Leadership – Führen durch Vertrauen" suchen, finden Sie diese auf der Produktseite zum Buch auf www.springer.com/9783658148744 unter dem Link „OnlinePlus" und auf www.erfolgstreiber.de.

## Literatur

Knop, C. 2017. Vertrauen in Institutionen: Die Menschen trauen den Eliten nicht mehr. Frankfurter Allgemeine Zeitung 17.01.2017. http://www.faz.net/aktuell/wirtschaft/weltwirtschaftsforum/vor-dem-wef-umfragen-zeigen-niedriges-vertrauen-in-eliten-14670396.html?printPagedArticle=true#pageIndex_2. Zugegriffen: 2. Apr. 2017.

# Danksagung

Dieses Buch habe ich nicht alleine geschrieben. Natürlich basiert es zu einem großen Teil auf meinen eigenen Erlebnissen und Erkenntnissen. Es ist aber genauso voller Geschichten und Anregungen von Familienmitgliedern, Freunden, Bekannten, Kollegen und ehemaligen Mitarbeitern. Ihnen danke ich dafür, dass sie mit mir offen ihre Erfahrungen und Gedanken teilen. Es zeigt mir, dass im Berufsleben eigentlich doch alle das Gleiche möchten: Einfach nur die eigene Arbeit erledigen.

Leider werden sie viel zu häufig nicht gelassen. Vielmehr kommt es immer wieder vor, dass Führungskräfte nicht in der Lage sind, Vertrauen aufzubauen und dieses Fundament für den gemeinsamen Erfolg zu nutzen. Viele misstrauen ihren Mitarbeitern und führen ein Regime nach dem Motto „Fear-based Leadership – Führen durch Angst". So komisch es klingen mag: Auch ihnen bin ich dankbar. So kamen ihre Geschichten über ihre Mitarbeiter zu mir, und ich habe mir viel Zeit für die Recherche erspart.

Explizit danke ich meinem Lektor Patrick Grootveldt. Ohne ihn würde das Buch in dieser Qualität, Form und Struktur nicht existieren. Ich hoffe, dass ich ihn nicht vergrault habe und er noch weitere Projekte mit mir realisieren wird.

Genauso danke ich Imke Sander vom Verlag Springer Gabler, die mich mit allen ihr zur Verfügung stehenden Mitteln und Informationen unterstützt hat und jede Terminverschiebung für die Abgabe des Manuskriptes mit absoluter Seelenruhe aufgenommen hat.

Den größten Dank richte ich an meine Eltern und an meine Frau Lidia, die mir in allen beruflichen und privaten Projekten zur Seite stehen, so verrückt und vielfältig sie auch sein mögen. Sie bestärken mich immer wieder darin, Berge zu besteigen und Wege einzuschlagen, die ich vorher noch nicht gegangen bin. Sie sind meine Führungskräfte.

Grünwald
im Juni 2017

Martin Schmiedel

# Inhaltsverzeichnis


**1 Was Führen bedeutet – Trust-based Leadership** . . . . . 1
Literatur . . . . . 9

**2 Vertrauen aufbauen: Modul 1** . . . . . 11
2.1 Auf die Beziehung kommt es an! . . . . . 11
2.1.1 Bedürfnisse, Interessen und Motive . . . . . 12
2.1.2 Eine sichere Basis als Fundament für eine vertrauensvolle Beziehung . . . . . 18
2.1.3 Selbstvertrauen und Ihr Blick auf Andere . . . . . 21
2.1.4 Autorität, Charisma und Vertrauen . . . . . 25
2.1.5 Kompetenz und Vertrauen . . . . . 27
2.2 Weitere Einflussfaktoren für den Aufbau von Vertrauen . . . . . 47
2.2.1 Der Einfluss des Unternehmens auf das Vertrauen der Mitarbeiter zu ihren Führungskräften . . . . . 47
2.2.2 Hormone und Vertrauen . . . . . 53
2.2.3 Attraktivität und Vertrauen . . . . . 53
2.2.4 Kleider machen Leute … klüger . . . . . 55
2.3 Kommunikation und Vertrauen . . . . . 56
2.3.1 Wie uns der erste Eindruck beeinflusst . . . . . 58
2.3.2 Warum Kommunikation schieflaufen kann . . . . . 63
2.3.3 Die vier Botschaften einer Nachricht . . . . . 64
2.3.4 Explizit kommunizieren . . . . . 67
2.3.5 Vom Problem zur Umsetzung . . . . . 68
2.3.6 Kommunikationstechniken . . . . . 75
2.3.7 Strategische Fragetechniken . . . . . 76
2.3.8 Aktives Zuhören . . . . . 77

2.4 Fazit: Wie Sie Vertrauen aufbauen . . . 79
Literatur . . . 83

**3 Handlungsfähigkeit ermöglichen: Modul 2** . . . 87
3.1 Stellenprofile und Funktionsbeschreibungen: Anforderungen an Mitarbeiter definieren . . . 89
3.2 Fähigkeiten von Mitarbeitern identifizieren . . . 92
3.3 Stärken stärken . . . 96
3.4 Mitarbeiter mit gezielten Maßnahmen fördern . . . 98
3.5 Delegieren und loslassen . . . 100
3.6 Den blinden Fleck eliminieren . . . 107
3.7 Mitarbeitergespräche und Feedback . . . 109
3.8 Lob und Kritik . . . 111
3.9 Dirigent oder Spielertrainer? . . . 115
3.10 Fazit: Wie Sie Ihre Mitarbeiter handlungsfähig machen . . . 117
Literatur . . . 118

**4 Haltung und Leistungsbereitschaft entwickeln: Modul 3** . . . 121
4.1 Einstellung, Verhalten und Power-Posen . . . 122
4.2 Wie Ihre Einstellung Ihr Verhalten prägt . . . 122
4.3 Warum Sie und Ihre Mitarbeiter die Besten sind . . . 124
4.4 Den Blick auf das Positive richten . . . 126
4.5 Mit Entschiedenheit Führungskraft sein . . . 128
4.6 Verantwortung zeigen . . . 131
4.7 Vorbild sein . . . 132
4.8 Durch wirksame Rhetorik beeinflussen . . . 134
4.9 Einwänden souverän begegnen . . . 135
4.10 Auf Sieg spielen und Fehler erlauben . . . 139
4.11 Fazit: Ihre Haltung als Führungskraft und wie Sie die Leistungsbereitschaft der Mitarbeiter fördern . . . 141
Literatur . . . 142

**5 Ziele definieren und erreichen: Modul 4** . . . 143
5.1 Zielhierarchien . . . 146
5.2 Zieldimensionen . . . 147
5.3 Attraktivität von Zielen . . . 148
5.4 Unrealistische Ziele und ihre Wirkung . . . 149
5.5 Management-by-Methoden . . . 150

5.6 Zielvereinbarungsgespräche . . . 151
5.6.1 Zielvereinbarungsgespräche vorbereiten . . . 152
5.6.2 Ziele und Maßnahmen formulieren . . . 155
5.6.3 Zielvereinbarungsgespräche durchführen . . . 157
5.7 Zielerreichung kontrollieren und bewerten . . . 158
5.8 Fazit: Wie Sie Ziele klar definieren und erfolgreich realisieren . . . 162
Literatur . . . 163

**6 Zusammenfassung – Trust-based Leadership** . . . 165

**7 Anhang** . . . 167

**Weiterführende Literatur** . . . 191

# Der Autor

**Martin Schmiedel** Ich habe in über zehn Jahren im Verkauf, als Führungskraft, selbstständiger Coach und Unternehmer eine große Anzahl positiver wie negativer Erfahrungen gemacht. Dieses Buch basiert zu einem Großteil auf diesen persönlichen Erfahrungen.

Sie haben mich dazu veranlasst, mich mit der Abhängigkeit von Vertrauen und Erfolg intensiv auseinanderzusetzen. Meine Überzeugung: Erfolgreichen Menschen gelingt es, eine vertrauensvolle persönliche Beziehung zu ihren Mitarbeitern, Kollegen, Kunden und anderen Geschäftspartnern aufzubauen.

Deswegen habe ich das Konzept „Trust-based Success" entwickelt und Erfolgstreiber gegründet. Erfolg basiert auf dem vertrauensvollen Zusammenspiel von Menschen in Organisationen. Bei Erfolgstreiber konzentrieren wir uns deswegen auf die Bereiche Organisationsentwicklung, Personaldiagnostik, Personalentwicklung und Personalberatung. Erfahren Sie mehr über Erfolgstreiber und besuchen Sie uns auf www.erfolgstreiber.de.

Mit dem vorliegenden Buch hoffe ich, dass Sie möglichst viele Tipps, Anregungen und Impulse für Ihre anspruchsvolle Aufgabe als Führungskraft mitnehmen. Ich bin sicher, dass Sie sich und Ihre eigenen Erfahrungen in Teilen selbst wiederfinden werden. Teilen Sie Ihre Geschichten und Erfahrungen mit mir: Schreiben Sie mir per Mail an martin.schmiedel@erfolgstreiber.de oder kontaktieren Sie uns über Facebook: www.facebook.de/erfolgstreiber. Ich freue mich auf Ihr Feedback!

Ich wünsche Ihnen viel Erfolg dabei, Ihre Fähigkeiten und Kompetenzen als Führungskraft auf der Basis dieses Buches weiterzuentwickeln.

Ihr Martin Schmiedel

# 1 Was Führen bedeutet – Trust-based Leadership

> Before you are a leader, success is all about growing yourself.
> When you become a leader, success is all about growing others.
> (Bevor Du Führungskraft wirst, hängt Dein Erfolg von Deiner eigenen Entwicklung ab.
> Wenn Du dann Führungskraft bist, hängt Dein Erfolg von der Entwicklung anderer ab.)
> Jack Welch (2005)

Was bedeutet überhaupt Führung? Genauer: Was bedeutet Führung im organisatorischen Kontext, also im Unternehmen?

Jack Welch, der ehemalige CEO von General Electric, hat es meines Erachtens pointiert formuliert: Arbeiten Sie an sich selber, wenn Sie noch keine Führungskraft sind. Sobald Sie Führungskraft geworden sind: Arbeiten Sie an Ihren Mitarbeitern. Der Effekt, und gleichzeitig Ihr Vorteil: Sie multiplizieren damit Ihre Wirkung und Produktivität, weil Ihre Mitarbeiter Ihren Input umsetzen und damit vervielfachen. Natürlich sollten Sie auch weiterhin an sich selbst arbeiten, also an Ihren Führungs- und Managementkompetenzen (zum Beispiel, indem Sie dieses Buch lesen).

Führung bedeutet, Verantwortung zu übernehmen. Als Führungskraft sind Sie verantwortlich für alles, was in Ihrem Team passiert. Es ist manchmal anstrengend, für alles und jeden verantwortlich zu sein. Es ist ganz häufig aber ein unglaublich gutes Gefühl: Projekte mit seinem Team voranbringen, sich auf seine Mitarbeiter verlassen können, gemeinsam Erfolge erzielen, das Gefühl haben, dass alle an einem Strang ziehen, dass sich eins zum anderen fügt, dass aus der Zusammenarbeit im Team mehr entsteht als die Summe aller einzelnen Kompetenzen. Ich nenne diese Situationen magische Momente.

Allerdings: Wenn Sie nicht bereit sind, diese Herausforderung anzunehmen, bedeutet das, dass Sie als Führungskraft eine Fehlbesetzung sind. Denken Sie daran: Der Fisch stinkt immer vom Kopf.



M. Schmiedel, *Trust-based Leadership – Führen durch Vertrauen*,
DOI 10.1007/978-3-658-14875-1_1

Das folgende Bild illustriert das Verhältnis zwischen Führungskraft und Mitarbeiter, das auf gegenseitigem Vertrauen basiert. Gleichzeitig beschreibt es die Rolle, die sich daraus für Sie als verantwortungsvolle Führungskraft ergibt:

Im Bild sind zwei Kletterer zu erkennen: Der eine sichert, der andere klettert. Wer ist die Führungskraft? Der jenige, der sichert. Der Kletterer über ihm vertraut ihm, ist durch das Seil abgesichert, kann deshalb Risiken eingehen und so den Gipfel erreichen. Die Führungskraft sichert aber nicht nur. Sie beschreibt zudem die Route, den Weg nach oben, weil sie den Überblick behält.

Wenn Sie Ihre Verantwortung als Führungskraft annehmen, geben Sie Ihren Leuten Sicherheit und führen sie gleichzeitig zu ungeahnten Leistungen. Wenn Sie es schaffen, dieses Prinzip des Förderns und Forderns zu verinnerlichen, dann werden Sie und Ihre Mannschaft erfolgreich sein.

Fördern bedeutet dabei: Geben Sie Ihren Mitarbeitern ein Gefühl der Sicherheit. Ihre Mitarbeiter sind darauf programmiert, Sicherheit und Bindungen zu suchen. Denn Sicherheit und Bindungen bedeuten Verlässlichkeit, Komfort und Vertrauen. Fördern bedeutet auch: Stellen Sie sicher, dass Ihre Mitarbeiter ihre Aufgaben tatsächlich erledigen können. Geben Sie Ihren Mitarbeiter die Sicherheit, die sie brauchen, schaffen Sie gleichzeitig die Voraussetzung dafür, Leistung von ihnen einfordern zu können.

Die sogenannte Theorie Y von Douglas McGregor geht davon aus, dass Arbeit für den Menschen eine wichtige Quelle der Zufriedenheit ist. Denn er ist von Natur aus leistungsbereit und motiviert, wenn die entsprechenden Bedingungen vorhanden sind, zum Beispiel, wenn er (mehr) Verantwortung übernehmen und selbstbestimmt arbeiten darf. Identifiziert er sich mit den Zielen des Unternehmens, handelt er auch in dessen Sinn. Voraussetzung für dieses wechselseitige Geben ist, so lässt sich hinzufügen, dass das Unternehmen – und damit seine Führungskraft – ihm vertraut, genauso, wie er seinem Vorgesetzten und dem Unternehmen vertraut. Auch in Führungskonzepten wie dem Positive-Leadership-Konzept, die auf der positiven Psychologie beruhen, spielt Vertrauen eine wichtige Rolle.

Im Bild der beiden Kletterer steht die Führungskraft unten und sichert ihren Mitarbeiter, der in der Wand hängt. Obwohl er in dieser Situation ein großes Risiko eingeht, fühlt er sich sicher. Er kann deshalb nach dem richtigen Weg suchen, um sein Ziel zu erreichen: einen Gipfel, den er vielleicht zuvor noch nie erklommen hat.

Die Führungskraft behält den Überblick. Sie hat die richtige Kletterroute im Blick, ermutigt ihren Mitarbeiter möglicherweise, neue Wege auszuprobieren, wenn es einmal nicht wie gewünscht weitergeht. Sie überzeugt ihn, weiterzumachen, wenn ihn auf den letzten Metern die Kraft verlässt. So erreichen beide ihr Ziel – Mitarbeiter und Führungskraft.

Das Bild der beiden Kletterer veranschaulicht das Prinzip des Förderns und Forderns auf ideale Weise: Der Mitarbeiter schafft es, sein Ziel zu erreichen, weil er seiner Führungskraft vertrauen kann. Sie gibt ihm Sicherheit und sorgt dafür, dass er Stück für Stück nach oben klettert. Zudem gibt die Führungskraft ihrem Mitarbeiter Hinweise, welcher der beste Weg zum Ziel ist, und treibt ihn im besten Sinne an. Führungskraft und Mitarbeiter bilden auf diese Weise eine perfekte Symbiose.

In Sicherheit, in der Komfortzone fühlen wir uns wohl. Warum? Unser Gehirn ist darauf ausgelegt, unser Überleben zu sichern und Schmerz zu vermeiden. Wir haben gelernt, uns vor Gefahren in Acht zu nehmen und das Risiko klein zu halten. Wir riskieren wenig bis gar nichts, wenn wir in der Komfortzone verharren.

Allerdings hat es Folgen, wenn wir unsere Komfortzone nicht verlassen: Wir verzichten darauf, Neues zu entdecken. Damit verzichten wir auf die Chance, zu lernen, zu wachsen, uns weiterzuentwickeln, beruflich und persönlich. Wer aber auf diese Chance verzichtet, lässt die Möglichkeit ungenutzt, Außerordentliches zu erreichen und zu erleben (vgl. Abb. 1.1).

**Der Ausgangspunkt unseres Führungskonzepts ist daher folgender Gedanke:** Sicherheit und Vertrauen sind für Mitarbeiter elementar wichtig. Wenn Ihre Mitarbeiter das Gefühl von Sicherheit und Vertrauen genießen, sind sie bereit, Risiken einzugehen. Gehen sie Risiken ein, können sie über sich hinauswachsen. Und dann ist es möglich, dass Sie zusammen mit Ihren Mitarbeitern erfolgreiche, magische Momente erleben.

Das Bild der beiden Kletterer und das Eingangszitat von Jack Welch verdeutlichen zusammen unser Verständnis von Führung: Als Führungskraft sind Sie dafür verantwortlich, zum einen Sicherheit und Komfort zu bieten, zum anderen dafür zu sorgen, dass Ihre Mitarbeiter erfolgreich sein können und magische Momente erleben.

**Abb. 1.1** Komfortzone und Lernzone. (Eigene Darstellung in Anlehnung an Luckner und Nadler 1997)

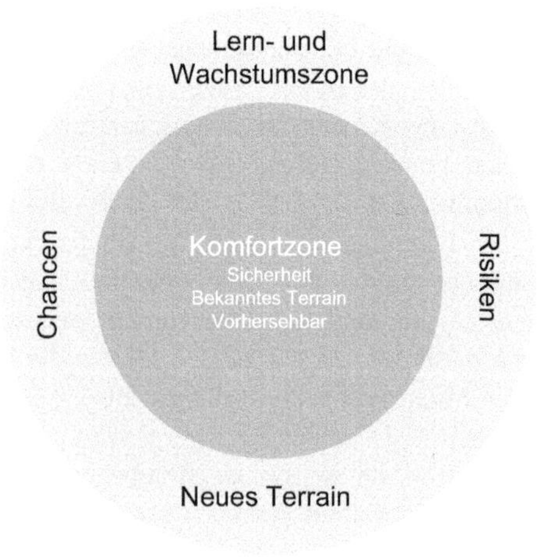

Aber was passiert, wenn sich Zweifel und Misstrauen einstellen? Wenn die Kommunikation zwischen Führungskraft und Mitarbeitern schiefläuft? Wenn die Erwartungen auf beiden Seiten enttäuscht werden? Mitarbeiter stellen sich dann unter anderem diese Fragen:

- Warum ist der Chef nie da, wenn ich ihn brauche?
- Wieso trifft mein Chef keine Entscheidungen?
- Wenn er Entscheidungen fällt: Warum verstehe ich sie nicht?
- Warum habe ich das Gefühl, dass er oder sie mir nicht die ganze Wahrheit erzählt?
- Wieso beschleicht mich das Gefühl, dass nicht alles mit rechten Dingen zugeht?
- Werde ich mit meinen Äußerungen ernst genommen?

Aber nicht nur Mitarbeiter sind irritiert und verärgert. Auch Führungskräfte führen einen inneren Dialog, der gegen ihre Mitarbeiter gerichtet ist (vgl. Tab. 1.1).

Was bedeutet das für das Verhältnis zwischen Führungskraft und Mitarbeiter? Hoffentlich ist es den beiden irgendwann einmal gelungen, eine stabile, verlässliche, vertrauensvolle Beziehung aufzubauen. Sie wissen dann vielleicht, was sie aneinander haben, können sich aufeinander verlassen. Falls nicht, haben die beiden jetzt schon ein gehöriges Problem.

Ist das Vertrauen da und im Unternehmen alles im grünen Bereich, sind fehlende Abstimmung und Kommunikation kein Problem. Entstehen aber Unstimmigkeiten oder sogar größere Schwierigkeiten, wird aus dem Ärger bei den Beteiligten ein echter Schlagabtausch (vgl. Tab. 1.2).

Theoretisch kann ich nach diesem Schema jede kritische Führungssituation in jeder Organisation auf das Stichwort „Vertrauen" zuspitzen. Machen Sie die Probe aufs Exempel und testen Sie eine beliebige Situation! Fragen Sie zum

**Tab. 1.1** Was Führungskraft und Mitarbeiter übereinander denken

| Führungskraft über Mitarbeiter | Mitarbeiter über Führungskraft |
|---|---|
| Ich weiß nicht, ob meine Mitarbeiter wissen, was ich den ganzen Tag tue | Ich weiß nicht, was meine Führungskraft den ganzen Tag treibt |
| Ich weiß nicht, was meine Mitarbeiter tun | Ich weiß nicht, ob mein Chef weiß, was ich hier überhaupt tue |
| Ich bin dauernd unterwegs, wie soll ich das wissen? | Mein Chef ist dauernd unterwegs, ich komme gar nicht dazu, mich mit ihm abzustimmen |

**Tab. 1.2** Erfundener Dialog zwischen Führungskraft und Mitarbeiter

| Führungskraft über Mitarbeiter | Mitarbeiter über Führungskraft |
|---|---|
| Warum sagt mir keiner Bescheid, dass wir Probleme haben? | Wie kann ich ihm nur beibringen, dass wir auf eine Entscheidung vom Chef gewartet haben? |
| Sie hätten mich früher informieren müssen. Ich kann mich nicht auf Sie verlassen! | Ich habe alles getan, um die Katastrophe zu verhindern, und jetzt sind Sie noch undankbar |
| Ich habe kein Vertrauen mehr in Sie | Ich bin schwer enttäuscht, dass ich jetzt den Schwarzen Peter zugeschoben bekomme |
| Ich entlasse Sie! | Ich kündige! |

Beispiel einen Mitarbeiter, der wiederholt seine Ziele nicht erreicht, warum das so ist. Oder interviewen Sie Kollegen, die das Unternehmen verlassen (müssen), aus welchen Gründen sie gehen. Ich kenne beispielsweise einen Verkaufsleiter, dem am letzten Tag seiner Probezeit die Kündigung ausgesprochen wurde. Er weiß bis heute nicht, warum. Um ihn zu gewinnen, hatte der Geschäftsführer und Eigentümer des Unternehmens eine Menge Zeit und Geld investiert. Er hatte das Unternehmen und seine Mannschaft im besten Lichte dargestellt und dem Verkaufsleiter eine spannende Aufgabe mit vielen Gestaltungs- und Entwicklungsmöglichkeiten versprochen. Er hatte das Vertrauen des Kandidaten gewonnen und ihn davon überzeugt, an Bord zu kommen. Von Tag 1 seiner Anstellung an jedoch redete er nicht mehr mit ihm. Egal, um welches Thema es ging: Der Verkaufsleiter bekam keine Termine bei und kein Feedback von ihm. Er arbeitete so viel wie noch nie in seinem Leben. Allerdings wusste er nie, ob er in die richtige Richtung lief. Am letzten Tag der Probezeit kam dann die Einladung zu einem persönlichen Gespräch: Der Geschäftsführer glaubte nicht, „dass seine Arbeit für das Unternehmen nützlich" sei und entließ ihn kurzerhand. Was für ein Stoß vor den Kopf! Was für ein absurdes (und kostspieliges) Verhalten! Was für ein Vertrauensbruch!

Wenn es Ihnen als Führungskraft gelingt, eine belastbare, vertrauensvolle Beziehung zu Ihren Mitarbeitern aufzubauen, haben Sie die Basis für Ihren Erfolg schon gelegt. Aber reicht Vertrauen alleine aus, um als Führungskraft erfolgreich zu sein? Nein. Selbstverständlich müssen Sie sicherstellen, dass Ihre Mitarbeiter in der Lage sind, ihre Aufgaben zu erledigen und damit Ihren Erwartungen zu entsprechen. Sie müssen also delegieren können. Oder handeln Sie, wie viele andere Führungskräfte, nach dem Mach-ich-lieber-selbst-Prinzip: „Bevor ich das meinem Mitarbeiter erklärt habe, mache ich es lieber selbst. Das dauert sonst viel zu lange und dann passieren auch noch Fehler."

Wenn Sie die Arbeit Ihrer Mitarbeiter gern erledigen, dann machen Sie ruhig weiter so. Wenn Sie Ihre Mitarbeiter jedoch dazu befähigen wollen, dass diese ihre Aufgaben selbst bewältigen, können Sie sich Ihren eigenen Aufgaben widmen. Und Sie wissen selbst: Selbst dann bleibt noch jede Menge Arbeit übrig, um die nur Sie sich selbst kümmern können.

**Das Trust-based-Leadership-Konzept**

Den Weg zum Erfolg und zu den magischen Momenten, die Sie als Führungskraft mit Ihren Mitarbeitern erleben können, ist im Trust-based-Leadership-Konzept beschrieben (vgl. Abb. 1.2). Es besteht aus vier Modulen:

**1. Modul: Vertrauen aufbauen**

Bindung und Sicherheit schaffen Vertrauen zwischen Menschen – eine Beziehung, die Belastungen aushält. Vertrauen reduziert Komplexität. Während sich Vertrauen beim Kleinkind als „Urvertrauen" bildet, ist das persönliche Vertrauen zwischen Erwachsenen die Grundlage aller sozialer Beziehungen. Wenn Sie in der Zusammenarbeit mit Menschen erfolgreich sein wollen, und darum geht es in der Führung, ist es notwendig, dass Sie die Faktoren, die den Aufbau von Beziehungen maßgeblich beeinflussen, kennen, und diese Faktoren steuern.

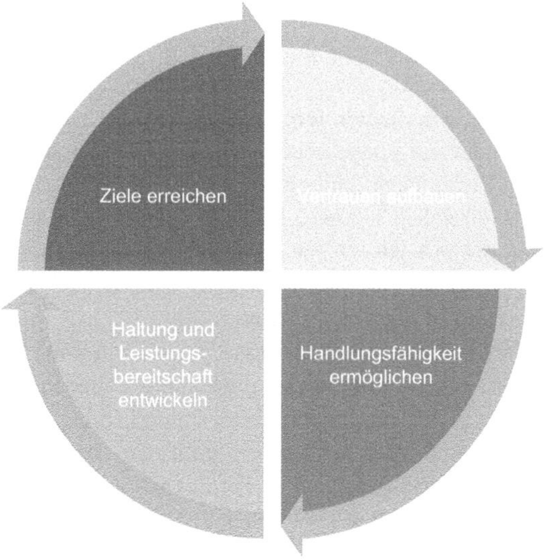


**Abb. 1.2** Das Konzept Trust-based Leadership - Führen mit Vertrauen

**2. Modul: Handlungsfähigkeit ermöglichen**
In dieser zweiten Phase, auf der Basis einer vertrauensvollen Beziehung, ermöglichen Sie es Ihrem Mitarbeiter, dass er seine volle Handlungsfähigkeit erreicht, das heißt: dass er das Fachwissen, die Methodenkompetenz, die Haltung und die Persönlichkeit besitzt, die ihm übertragenen Aufgaben zu erledigen, kurz: dass er diese Aufgaben übernehmen kann, darf und will. So kommen die Themen Personaldiagnostik, Personalentwicklung und die Delegation von Aufgaben und Verantwortung ins Spiel. Sie erhalten Werkzeuge, mit denen Sie Ihre Mitarbeiter ganzheitlich – hinsichtlich ihres Fachwissens, ihrer Methodenkompetenz, ihrer Haltung und ihrer Persönlichkeit – beurteilen und zu kompetenten Mitgliedern ihres Teams entwickeln können. Auch das Thema Delegieren und Loslassen spielt hier eine große Rolle.

**3. Modul: Haltung und Leistungsbereitschaft entwickeln**
Der Mitarbeiter kann sein volles Potenzial erst entfalten, wenn er bereit ist, Risiken einzugehen. In dieser Phase stehen Ihre persönliche Einstellung und Haltung, Ihre Chancenorientierung und Risikobereitschaft und der Einsatz von Kommunikationsinstrumenten im Sinne des Unternehmens im Vordergrund. Seien Sie sich Ihrer Wirkung bewusst. Viele Führungskräfte wissen nicht, welche Macht und welchen Einfluss sie auf ihre Mitarbeiter ausüben. Das reicht vom Leiter eines einzelnen Mitarbeiters hin bis zum Geschäftsführer und Vorstand. Sie erhalten nützliche Tools, mit denen Sie Ihre Macht positiv für ihre Unternehmen nutzen können.

**4. Modul: Ziele definieren und erreichen**
In der letzten Phase geht es um die Frage, inwieweit sich Ihre Mitarbeiter mit ihren Zielen identifizieren und wie sie mithilfe geeigneter Herausforderungen ihre Ziele erreichen können. Diese Phase schließt mit einer Zusammenfassung der wichtigsten Faktoren für Ihren Erfolg als Führungskraft. Mit den Managementwerkzeugen können Sie Ziele aus Unternehmensleitlinien und -strategie ableiten, erfassen, vereinbaren und kontrollieren.

In den folgenden Kapiteln (Kap. 2, 3, 4 und 5) werden die einzelnen Phasen als Module für die direkte Anwendung in der Praxis erläutert und Ihnen werden alle entscheidenden Stellschrauben und Erfolgsfaktoren erklärt.

Das erste Modul „Vertrauen aufbauen" ist dabei das wichtigste, da es die entscheidende Grundlage allen Erfolgs ist, nicht nur in der Führung, sondern generell für die Interaktion zwischen Menschen.

Wenn es Ihnen als Führungskraft nicht gelingt, eine vertrauensvolle und belastbare Beziehung zu Ihren Mitarbeitern aufzubauen, werden Sie sie niemals dazu bringen, Höchstleistungen zu erzielen.

## Literatur

Welch, J., und S. Welch. 2005. *Das ist Management*. Frankfurt: Campus.

# 2 Vertrauen aufbauen: Modul 1

> Die größte Ehre, die man einem Menschen antun kann, ist die, dass man zu ihm Vertrauen hat.
> Matthias Claudius (1740–1815)

Das erste Modul des Führungsmodells „Trust-based Leadership" behandelt die Frage, welche Einflussfaktoren Führungskräfte berücksichtigen müssen, wenn sie vertrauensvolle und belastbare Beziehungen insbesondere zu ihren Mitarbeitern aufbauen wollen. Dabei spielen Bedürfnisse, Motivation, Selbstbild und Fremdbild, Attraktivität und externe Faktoren ebenso eine Rolle wie die vielschichtige verbale und nonverbale Kommunikation zwischen Menschen. Das Konzept der sicheren Basis bildet die Grundlage für einen Führungsstil, der Vertrauensbildung in den Mittelpunkt der Beziehung von Führungskraft und Mitarbeiter rückt. Das eigens entwickelte Erfolgstreiber-Kompetenzprofil unterstützt Führungskräfte dabei, ihre eigene Fach- und Methodenkompetenz, Haltung und Persönlichkeit sowie die ihrer Mitarbeiter zu beschreiben, um sie individuell ansprechen zu können und so vertrauenswürdig für sie zu sein.

## 2.1 Auf die Beziehung kommt es an!

Ein elementarer Aspekt des Führungskonzeptes ist das Verhältnis von Ratio und Emotio, von Vernunft und Gefühl, von Sach- und Beziehungsebene. Nach dem Kommunikationsforscher Paul Watzlawick hat jede Kommunikation einen Inhalts- und Beziehungsaspekt, wobei Letzterer den Ersten bestimmt (Watzlawick 2011, vgl. Abb. 2.1).



M. Schmiedel, *Trust-based Leadership – Führen durch Vertrauen*,
DOI 10.1007/978-3-658-14875-1_2

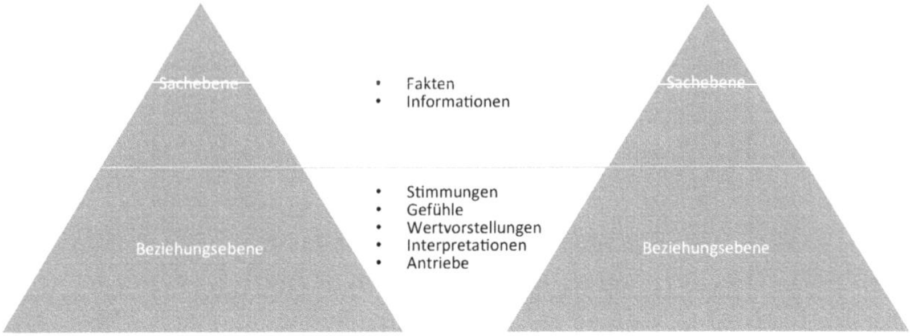


**Abb. 2.1** Sach- und Beziehungsebene. (Eigene Darstellung in Anlehnung an Watzlawick 2011)

Raten Sie einmal, wie sehr laut diversen Untersuchungen die emotionale Komponente die rationale in der Kommunikation dominiert: 80 zu 20 %! Das bedeutet für Ihre Beziehung zu Ihren Mitarbeitern:

Ihre Aussagen können noch so datengesättigt und mit Fakten belegt sein – die Wahrnehmung Ihrer Mitarbeiter und Ihre Beziehungen zu Ihren Mitarbeitern beeinflussen und verändern immer diese Daten und Fakten. Wenn Sie also Erfolg als Führungskraft haben wollen, achten Sie darauf, dass die Beziehungen zu Ihren Mitarbeitern stabil und verlässlich sind!

Auch wenn Sie großartige Erfolge eingefahren haben und die Faktenlage beweist, dass Sie ein wahrer Held im Unternehmen sind: Wenn Ihre Mitarbeiter glauben, Sie sind inkompetent, nicht fähig oder unfair, dann werden sie sich niemals für Sie oder Ihre Ziele ins Zeug legen. Kurz: Die Wahrnehmung Ihrer Mitarbeiter bestimmt die Qualität Ihrer Beziehung zu Ihren Mitarbeitern.

### 2.1.1 Bedürfnisse, Interessen und Motive

Ein zentraler Aspekt für den Aufbau von Vertrauen und verlässlichen Beziehungen ist es, unsere Bedürfnisse und Motive näher zu betrachten.

**Bedürfnisse**

Abraham Maslows Bedürfnispyramide ist ein Klassiker in der Definition grundlegender menschlicher Bedürfnisse. Er ging davon aus, dass menschliches Verhalten über fünf Bedürfnisebenen gesteuert wird (vgl. Abb. 2.2). Diese Bedürfnisse sind hierarchisch geordnet, wobei höher liegende Bedürfnisse erst dann zum Tragen kommen, wenn die darunterliegenden (vermutlich überlebenswichtigeren) Bedürfnisse befriedigt sind (Maslow 1981).

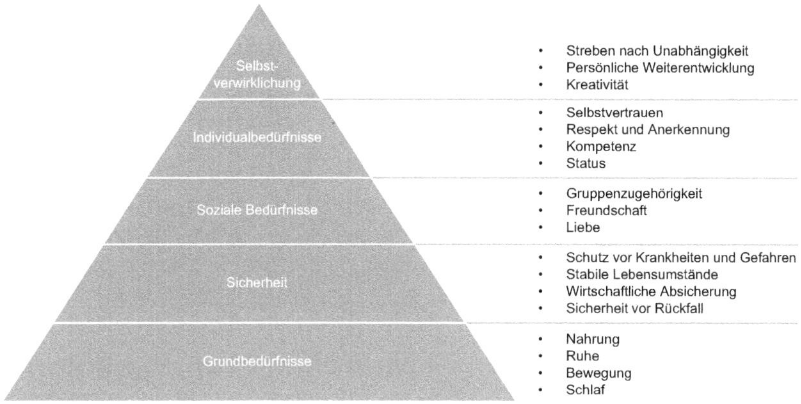


**Abb. 2.2** Bedürfnispyramide. (Eigene Darstellung in Anlehnung an Maslow 1981)

Das heißt: Jeder Mensch hat Bedürfnisse. Die Frage, welchen Bedürfnissen er gerade nachgehen will, richtet sich danach, welche Bedürfnisse er schon befriedigt hat. Strebt er beispielsweise Selbstverwirklichung an, müssen erst alle darunterliegenden Bedürfnisse (physiologische, nach individueller Sicherheit, nach (sozialer) Zugehörigkeit und nach Wertschätzung der eigenen Person) befriedigt sein.

**Fragen Sie sich regelmäßig selbst:**
Welche Bedürfnisse Ihrer Mitarbeiter können Sie als Führungskraft bedienen?

Aus den grundsätzlichen Bedürfnissen einer Führungskraft oder eines Mitarbeiters lassen sich Interessen für eine konkrete Situation, Aufgabe, Thema herausarbeiten. Hat der Mitarbeiter zum Beispiel das Bedürfnis nach Anerkennung, hat er vielleicht ein konkretes Interesse an einer Beförderung oder an einer anspruchsvollen Projektaufgabe.

Interessen lassen sich zum einen danach unterscheiden, ob wir sie anstreben oder vermeiden wollen, zum anderen nach ihrer Priorität:

- Hauptinteressen: Was will ich unbedingt erreichen? Beispiel: Der Mitarbeiter möchte unter allen Umständen befördert werden.
- Nebeninteressen: Was ist ein netter Nebeneffekt, ein Nice-to-have, aber nicht zwingend notwendig? Beispiel: Der gleiche Mitarbeiter würde sich freuen, wenn er neben der Beförderung auch noch ein höheres Gehalt erzielen könnte.

- Vermeidungsinteressen: Was will ich unbedingt vermeiden? Beispiel: Der Mitarbeiter möchte unbedingt vermeiden, dass er von den anderen Kollegen als karrieregeil wahrgenommen wird.

**Motivatoren und Hygienefaktoren**

Frederick Herzberg, ein Motivationspsychologe, interessierte sich vor allem für Leistung und Leistungsverhalten in Unternehmen. Sein Fokus richtete sich dabei nicht auf die intrinsische Motivation von Mitarbeitern und Führungskräften, also nach dem, was sie innerlich antreibt. Vielmehr untersuchte er Arbeitsbedingungen und deren Auswirkungen auf die Motivation oder Demotivation von Mitarbeitern und Führungskräften.

In seinen Studien entwickelte er die Zwei-Faktoren-Theorie. Sie unterscheidet zwischen Motivatoren und Hygienefaktoren (Herzberg et al. 2011). Motivatoren, also die Arbeitszufriedenheit fördernde Faktoren, sind nach Herzberg: die eigene Leistung, Anerkennung für erbrachte Leistungen, die Arbeit an sich, Verantwortung, Fortkommen und persönliche Entwicklung (Wachstum).

Die Hygienefaktoren bilden das „Fundament" für die Mitarbeitermotivation: Werden diese nicht bedient, spüren Mitarbeiter keinerlei Motivation zu arbeiten. Anders gesagt: Wer motivierte Mitarbeiter will, muss sicherstellen, dass diese Hygienefaktoren passen.

**Fragen Sie sich selbst:**

- Liefert Ihr Arbeitgeber die Hygienefaktoren, die Voraussetzung für die Motivation Ihrer Mitarbeiter sind?
- Bietet Ihr Unternehmen die Motivatoren, die für Ihre Mitarbeiter wichtig sind?
- Welchen Beitrag können Sie als Führungskraft leisten, um die notwendigen Hygienefaktoren und Motivatoren zu schaffen?

**Leistung, Macht und Freundschaft**

Der Psychologe David McClelland fand in empirischen Studien heraus, dass sich 80 % aller Geschichten (seiner Probanden) um die drei Themen Leistung (achievement), Macht (power) und Freundschaft (affiliation: soziale Kontakte) drehen (McClelland 2010).

Das Leistungsmotiv beschreibt dabei den Antrieb, Erfolg zu haben und anspruchsvolle Ziele zu verfolgen. Menschen mit ausgeprägter Leistungsmotivation streben danach, besser und effizienter zu sein als andere. Sie bevorzugen

Aufgaben, die einen hohen Grad an Eigenverantwortung verlangen, persönliche Einflussnahme auf das Arbeitsergebnis ermöglichen, schnelles Feedback und den Vergleich mit anderen Menschen erlauben, und Ziele fordern, die anspruchsvoll, aber erreichbar sind. Wenn diese Bedingungen gegeben sind, sind leistungsorientierte Menschen optimal stimuliert.

Das Machtmotiv ist das Bedürfnis, Einfluss auf und Macht über andere zu gewinnen und in Hierarchien aufzusteigen. Personen mit starker Machtmotivation beschäftigen sich mit Status und Prestige und weniger mit der Arbeitsleistung. Sie orientieren sich an anderen mächtigen Personen in ihrem Umfeld und bevorzugen Arbeitsumgebungen, die die Einflussnahme auf und Kontrolle über andere Menschen ermöglicht.

Das Freundschaftsmotiv drückt das Streben nach freundschaftlichen und engen sozialen Beziehungen und Bindungen aus. Menschen, bei denen diese Motivation stark ausgeprägt ist, suchen kooperative Arbeitsbeziehungen, vermeiden starken Wettbewerb und wünschen ein gutes soziales Klima am Arbeitsplatz.

Der Verdienst von McClelland ist es, dass er wissenschaftlich belegen konnte, dass sich die Bedürfnisse von Menschen unmittelbar in deren Denken, Wahrnehmung und Verhalten niederschlagen. Sie kennen diesen Zusammenhang: Wenn Sie schon einmal hungrig in den Supermarkt gegangen sind, kaufen Sie mehr ein, als Sie eigentlich vorhatten. Es gehört dann schon sehr viel Selbstdisziplin dazu, sich streng an seine Einkaufsliste zu halten.

Unsere Bedürfnisse bestimmen unsere Wahrnehmung umso mehr, je größer uns ein Problem erscheint. Das kann dazu führen, dass wir nicht mehr schlafen oder essen können (wer einmal echten Liebeskummer hatte, kennt das Phänomen …).

Bewältigen können Sie diesen Zustand auf zwei Arten: Entweder lösen Sie das Problem (Sie essen, wenn Sie hungrig sind, oder Sie gewinnen die Liebe der angebeteten Person) oder Sie schaffen sich ein noch größeres, schwerwiegenderes Problem.

**Fragen Sie sich selbst:**

- Haben Sie schon einmal erlebt, dass sich Ihre eigenen Motive, Bedürfnisse und Gedanken nur auf ein Thema konzentriert haben?
- Welche Themen waren das?
- Haben Sie dieses Phänomen schon einmal bei einem Ihrer Mitarbeiter erlebt? Und wie äußerte sich das?

Fazit: Wenn unsere Bedürfnisse und Motive unser Verhalten zu einem großen Teil bestimmen, spielen sie eine zentrale Rolle, wenn es um unseren Erfolg im Unternehmen geht. Das gilt sowohl für Sie als Führungskraft als auch für Ihre Mitarbeiter.

Ein Unternehmen kann nur erfolgreich sein, wenn es die Bedürfnisse und Motive seiner Mitarbeiter ernst nimmt – und ihnen anbietet, diese (zumindest in Ansätzen) zu befriedigen.

Wenn Sie es schaffen, Ihre eigenen Bedürfnisse als Führungskraft, die Interessen Ihres Unternehmens und die Motive Ihrer Mitarbeiter weitgehend unter einen Hut zu bringen, sind Sie in der Erfolgsspur Richtung exzellente Führung.

**Übung**

Ich möchte Sie gerne zu einer praktischen Übung einladen, in der Sie die Motive Ihrer Mitarbeiter mit Ihren eigenen abgleichen können. Machen Sie hierzu jeweils Kreuze in den entsprechenden Kästen in folgenden drei Abbildungen.

| | | | |
|---|---|---|---|
| Hoch | | | |
| Mittel hoch | | | |
| Mittel niedrig | | | |
| Niedrig | | | |
| | Leistung und Perfektion | Macht und Einfluss | Beziehung und Freundschaft |

In welchem Maße sind die drei Motive Leistung, Macht und Freundschaft bei Ihnen ausgeprägt?

Wenn Sie an einen beispielhaften Mitarbeiter denken: Welche Motive sind bei ihm stark ausgeprägt?

| | Leistung und Perfektion | Macht und Einfluss | Beziehung und Freundschaft |
|---|---|---|---|
| Hoch | | | |
| Mittel hoch | | | |
| Mittel niedrig | | | |
| Niedrig | | | |

Bitte vergleichen Sie die Werte, die Sie sich selber geben, mit denen, die Sie Ihrem Mitarbeiter geben. Wo stimmen Sie überein? Wo stellen Sie große Unterschiede zwischen Ihren Bewertungen fest? Und wie könnten diese Unterschiede zustande kommen?

| | Leistung und Perfektion | Macht und Einfluss | Beziehung und Freundschaft |
|---|---|---|---|
| Hoch | | | |
| Mittel hoch | | | |
| Mittel niedrig | | | |
| Niedrig | | | |

Was bedeutet es für Ihre Beziehung, wenn Sie einen hohen Anspruch an Leistung und Perfektion haben, diese Motive für Ihren Mitarbeiter aber weniger relevant sind? Dafür sind Ihrem Mitarbeiter vielleicht Freundschaften sehr wichtig, er ist ein „Beziehungsmensch“. Was bedeutet das für Sie, wenn Ihnen Freundschaften weniger wichtig sind als Ihrem Mitarbeiter?

Achten Sie auf die Bedürfnisse, Interessen und Motive Ihrer Mitarbeiter genauso wie auf Ihre eigenen. Denn sie beeinflussen Ihr Verhalten und somit die Gestaltungsmöglichkeiten, Vertrauen aufzubauen.

### 2.1.2 Eine sichere Basis als Fundament für eine vertrauensvolle Beziehung

> Eine sichere Basis:
> Eine Person, ein Ort, Ziel oder Objekt, das ein Gefühl des Schutzes, der Sicherheit und der Geborgenheit bietet und gleichzeitig eine Quelle der Inspiration und der Energie ist, die anderen Wagemut, Forschergeist, Bereitschaft zum Risiko und Mut zur Herausforderung verleiht.
> (Kohlrieser et al. 2013)

Die Erkenntnisse aus der Motivationsforschung bedeuten für Führungskräfte, unabhängig vom jeweiligen Modell, zunächst einmal: Das Bedürfnis nach Sicherheit und der Aufbau von vertrauensvollen Beziehungen zu anderen sind offensichtlich zentrale Aspekte für das Zusammenleben und Zusammenarbeiten.

Das bestätigt unsere Annahme: Nur, wenn Führungskräfte in der Lage sind, eine belastbare, von Vertrauen geprägte Beziehung zu ihren Mitarbeitern aufzubauen, können sie diese zu Höchstleistungen führen.

Hierfür haben Kohlrieser et al. den Begriff der sicheren Basis geprägt. Ich finde ihn sehr gelungen, weil er zeigt, dass unterschiedliche Quellen existieren, die uns Sicherheit geben können (vgl. Abb. 2.3).

Sichere Basen können ganz unterschiedlichen Ursprungs sein. Es können Personen sein, zum Beispiel Familienmitglieder, Freunde oder eben die Führungskraft im Unternehmen. Genauso können konkrete Orte, Ereignisse oder Erfahrungen eine sichere Basis für sie darstellen, genauso wie abstrakte Ziele, die sich jemand gesteckt hat (vgl. Tab. 2.1).

In unserer Familie zum Beispiel gibt es bestimmte Rituale, die wir möglichst jeden Tag durchführen. Dass wir an Geburtstagen gemeinsam etwas unternehmen, ist uns wichtig und gibt uns ein Gefühl von Beständigkeit. Auch Orte sind uns „heilig“ – zum Beispiel die bayerischen Voralpen oder das schöne Südtirol.

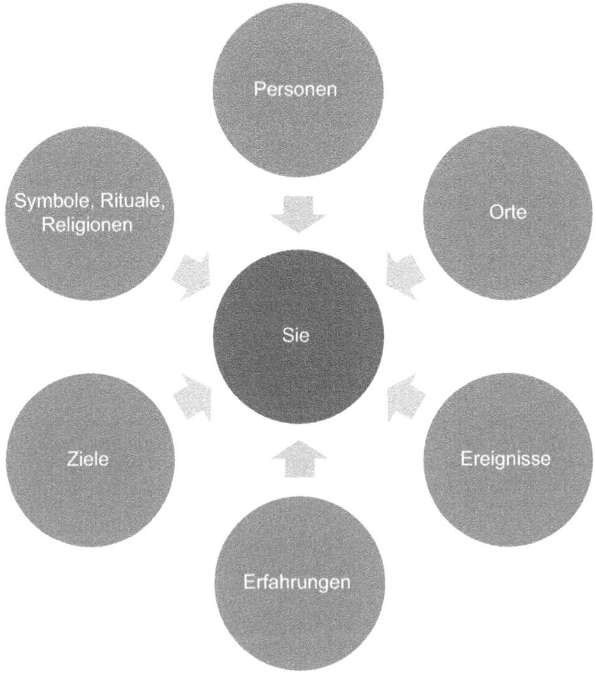


**Abb. 2.3** Sichere Basen. (Eigene Darstellung in Anlehnung an Kohlrieser et al. 2013)

**Fragen Sie sich selbst:**

- Wer oder was gibt Ihnen Sicherheit?
- Wo holen Sie sich Kraft und Energie?
- Welche sicheren Basen hatten Sie selbst in Ihrem Berufsleben bzw. haben Sie heute noch?

Im Unternehmen gilt: Sie selbst können (und sollen) als Führungskraft eine sichere Basis für andere sein. Dies gilt für Ihren Vorgesetzten, für Kollegen, für die Personalabteilung, aber insbesondere für Ihre Mitarbeiter. Genauso gilt umgekehrt: Personen, mit denen Sie täglich arbeiten, können eine sichere Basis für Sie darstellen (vgl. Abb. 2.4).

Nun stellt sich die Frage: Welche Voraussetzungen sollten Sie als Führungskraft erfüllen, um für Ihre Mitarbeiter eine sichere Basis zu sein?

**Tab. 2.1** Beispiele für sichere Basen. (Eigene Darstellung in Anlehnung an Kohlrieser et al. 2013)

| Personen | Orte | Ereignisse | Erfahrungen | Ziele | Andere |
|---|---|---|---|---|---|
| Eltern, Mutter, Vater | Land | Hochzeit | Kindheit | Verwirklichung eines beruflichen Ziels | Haustiere |
| Geschwister | Heimat | Beerdigung | Jugend | Beförderung | Religion |
| Ehepartner | Natur | Sport | Studentenleben | Elternschaft | Überzeugungen, Ideologien |
| Vorfahre | Stadt | Katastrophe | Internatszeit | Hauskauf | Besondere Gegenstände |
| Lehrer | Dorf | Unfall | Studium | Abschluss einer Qualifikation | Symbole, Rituale |
| Coach, Mentor | Park | Krise | Elternschaft | Marathonlauf | Erinnerungen |
| Vorgesetzter | Meer | Examen | Ehe | Änderung einer Beziehung | Gebete |
| Autoritätsperson | Gebirge | Geburt eines Kindes | Eine eigene Familie | Erholung von Krankheit | Arbeit |
| Kollege | Dschungel | Verlobung | Arbeit | | Hobbys |
| Mitarbeiter | Strand | Beförderung | Karriere | | Geld |
| Freund | Büro | | | | Musik, Lyrik, Literatur |

**Fragen Sie sich selbst:**

- Für welche Mitarbeiter im Unternehmen stellen Sie eine sichere Basis dar? Und warum?
- Welche Mitarbeiter im Unternehmen stellen eine sichere Basis für Sie dar? Und warum?

Sie als Führungskraft, aber auch Ihre Mitarbeiter benötigen Sicherheit. Erst das Gefühl, eine sichere Basis zu haben, versetzt uns in die Lage, unsere Komfortzone zu verlassen, Risiken einzugehen, zu lernen und Großes zu leisten.

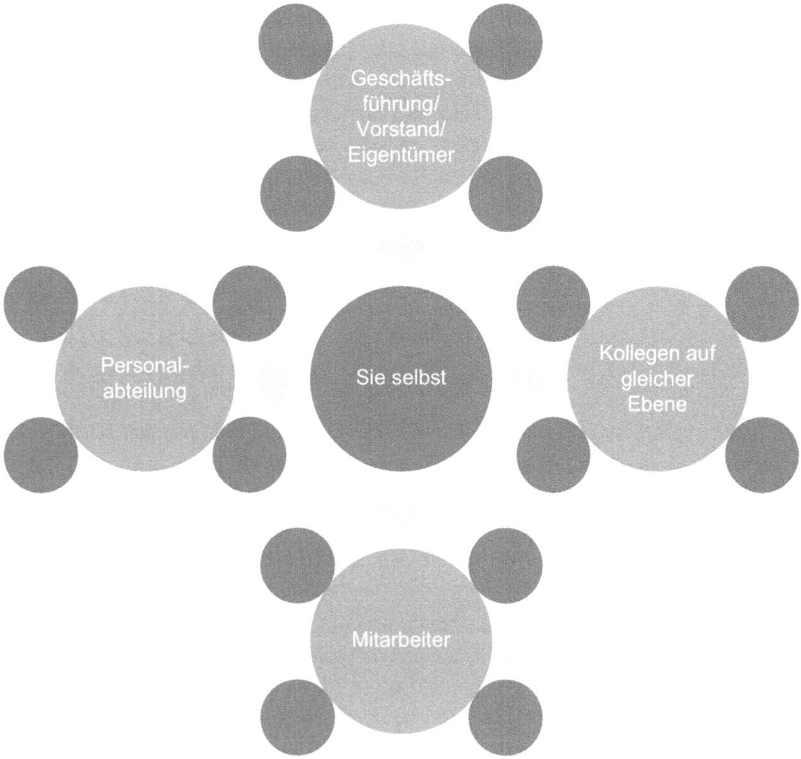


**Abb. 2.4** Sie selbst als sichere Basis. (Eigene Darstellung in Anlehnung an Kohlrieser et al. 2013)

### 2.1.3 Selbstvertrauen und Ihr Blick auf Andere

Grundsätzlich gilt: Bevor ich anderen Vertrauen schenke oder mich sogar selbst zu jemandem entwickle, dem andere vertrauen, benötige ich Selbstvertrauen, also Vertrauen in mich selbst.

Für Sie als Führungskraft ist es unerlässlich, dieses Selbstvertrauen zu entwickeln und zu besitzen. Sie werden jeden Tag mit Aufgaben, Problemen, Kritik und Herausforderungen konfrontiert. Mitarbeiter, Vorgesetzte und Kunden setzen Sie jeden Tag unter Druck. Ihre Mitarbeiter beschweren sich über die Arbeitsbedingungen, Ihre Vorgesetzten sind mit den Ergebnissen Ihres Teams unzufrieden, und Ihre Kunden reklamieren die Produktqualität. Ohne Selbstvertrauen können Sie diese Drucksituationen auf Dauer nicht bewältigen.

**Selbsterkenntnis, Selbstbewusstsein und Selbstvertrauen**

Basis für den Aufbau von Vertrauen zu sich selbst sind Selbsterkenntnis und Selbstbewusstsein. Diese beiden Begriffe beschreiben, dass Sie Ihre Fähigkeiten kennen und Ihre Persönlichkeit richtig einschätzen. Dass bedeutet: Sie sollten wissen, wer Sie sind und was Sie können. Gleichzeitig hilft Ihnen ein gesundes Selbstbewusstsein, zu definieren, wer Sie *nicht* sind und was Sie *nicht* können oder wollen.

Berufs- und Lebenserfahrung spielen dabei eine wichtige Rolle. Ich selbst habe davon profitiert, im Laufe der Jahre das Bewusstsein für meine Stärken zu entwickeln – und zu erkennen, dass ich nur in einigen wenigen Themen Expertenstatus erreichen kann. Aber bei diesen Themen besitze ich mittlerweile so viel Vertrauen in mein Wissen und in mein Know-how, dass ich es in Vorträgen, Seminaren und Büchern gern an andere weitergebe.

Selbst-Vertrauen bedeutet deswegen: Selbstbewusstsein („Ich weiß, wer ich bin und was ich kann“) *plus* Mut („Ich traue mich, anderen mein Wissen weiterzugeben“). Erst wenn Sie Selbstvertrauen haben, sind Sie stark genug, ein Risiko einzugehen oder einen Konflikt auszuhalten.

Sie kennen diese Situation sicher aus Ihrer eigenen beruflichen Vita: Vielleicht haben Sie früher das ein oder andere Mal Ihr Fähnchen nach dem Wind ausgerichtet. Heute, als gestandener Manager und Führungskraft, sind Sie in der Lage, auch einmal Gegenwind auszuhalten und zu Ihrer Meinung zu stehen, weil Ihre Lebens- und Berufserfahrung Sie zu einem Experten auf Ihrem Gebiet gemacht hat. Sie lassen sich nicht so leicht etwas vormachen. Sie haben Ihre eigene Sichtweise auf bestimmte Dinge. Denn Sie haben ein Bewusstsein dafür entwickelt, wer Sie sind und was Sie können, und Sie vertreten Ihre Meinung.

Zu Ihrem Selbstvertrauen gehört demnach auch, dass Sie sich nicht verbiegen lassen. Für Ihre Meinung entschuldigen Sie sich nicht. Ohne Ihr Selbstvertrauen, Ihre Selbsterkenntnis und Ihr Selbstbewusstsein wären Sie nun einmal nicht der, der Sie sind.

All das trägt auch zur persönlichen Markenbildung bei. Als Führungskraft brauchen Sie Selbstvertrauen, um eine sichere Basis für Ihre Mitarbeiter zu sein. Sie wissen: Liebe Dich selbst, dann kannst Du auch andere lieben.

**Selbstbild, Fremdbild und Wunschbild**

Idealerweise gleichen wir unser Selbst-Bewusstsein und das Vertrauen in unsere Fähigkeiten mit der Realität ab. Wenn die Schnittmenge möglichst groß ist zwischen

- dem, wie Sie sich selbst sehen (dem Selbstbild),
- dem, wie Sie sich selbst gerne sehen würden (dem Wunschbild), und
- dem, wie andere Sie wahrnehmen (dem Fremdbild),

haben Sie ein Selbstbewusstsein ausgebildet, mit dem Sie wissen, wer Sie sind und wozu Sie fähig sind (siehe vorheriger Abschnitt).

**Fragen Sie sich selbst:**

- Wie schätzen Sie die Schnittmenge zwischen Selbstbild, Fremdbild und Wunschbild bei sich selbst ein?
- Was kennzeichnet Menschen, die den Abgleich zwischen diesen drei Dimensionen nicht vornehmen?
- Welche Folgen hat dieser fehlende Abgleich?

Zum Thema Selbstbild/Fremdbild hat Thomas A. Harris (Harris 2015) ein Modell entwickelt, das wir auf alle Arten zwischenmenschlicher und sogar gesellschaftlicher Beziehungen anwenden können (vgl. Abb. 2.5). Auf der horizontalen Ebene beantworten Sie die Frage: Wie sehen Sie andere Personen? Auf der vertikalen Ebene der Grafik beantworten Sie die Frage: Wie sehen Sie sich selbst?

Schauen wir uns die doppelt negative Ausprägung zuerst an: Wenn Sie andere Personen als negativ wahrnehmen und selbst kein positives Bild von sich haben, ziehen Sie sich zurück und vergrößern den Abstand zu anderen Personen. Vielleicht haben Sie schlechte Erfahrungen mit anderen Menschen gemacht und sind ihnen misstrauisch gegenüber. Dann ist jeder Tag, an dem Sie mit anderen Menschen zu tun haben, für Sie eine Quälerei. Im Berufsleben ist das natürlich schwierig, wenn Sie einen Job haben, in dem Sie viel mit anderen Menschen in Berührung kommen (müssen). Wenn Sie es zudem im Laufe Ihres Lebens nicht geschafft haben, ein positives Selbstbild zu entwickeln, gehen Sie auf Distanz und werden zum Einzelgänger.

Wiederum Andere finden sich nicht in Ordnung, sehen aber fremde Personen positiv. Wie viele Menschen vergleichen sich mit Persönlichkeiten, die vermeintlich besser aussehen, vermögender sind, sich in einer höheren Hierarchiestufe befinden und deswegen augenscheinlich mehr Macht besitzen? Diese Personen sind sich ihrer selbst nicht sicher und suchen Schutz im Glorienschein anderer Menschen.

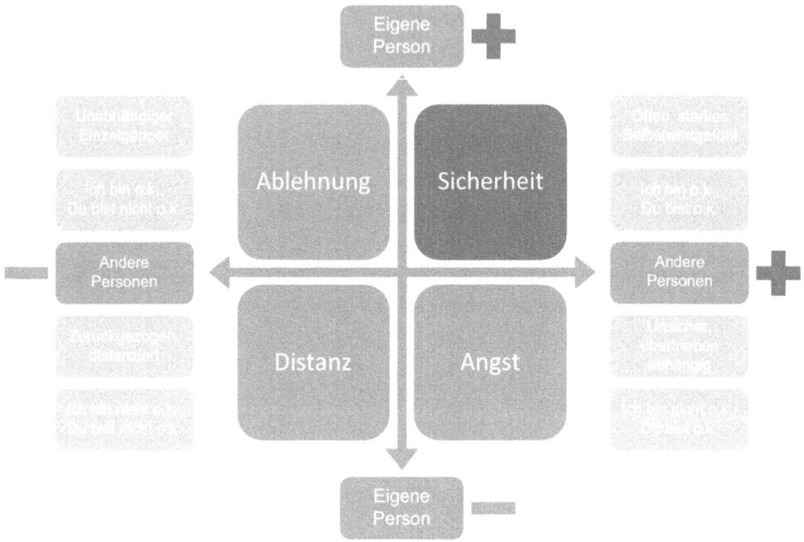


**Abb. 2.5** Ich bin o. k. – Du bist o. k. (Eigene Darstellung in Anlehnung an Harris 2015)

Sind Sie von sich und Ihren Fähigkeiten überzeugt, glauben aber, dass fremde Personen Ihnen nicht das Wasser reichen können oder haben schlechte Erfahrungen mit ihnen gemacht, resultiert daraus eine ablehnende Haltung diesen Menschen gegenüber. Beispiele hierfür fallen mir sowohl auf persönlicher als auch auf gesellschaftlicher Ebene en masse ein. Nehmen Sie den Chef, der das Unternehmen selber gegründet hat und gleichzeitig der beste Einkäufer, Verkäufer und Buchhalter in seinem Laden ist. Ihm wird es schwerfallen, auf Augenhöhe mit seinen Mitarbeitern zu kommunizieren und ihnen wertschätzendes Feedback zu geben. Wie soll er jemandem vertrauen, wenn er „weiß", dass er allen anderen überlegen ist. Ebenso wenig wird er nicht gerne delegieren, weil er sowieso alles besser kann als seine Mitarbeiter.

Beziehen Sie diese Ausprägung „Ich bin o. k. – Du bist nicht o. k." auf Gesellschaften, religiöse Gemeinschaften oder Staaten, können Sie mit diesem Modell Diktaturen, Krieg und Terror erklären.

Erst wenn Sie andere Personen und sich selbst positiv sehen, können Sie sich selbst und ihren Mitarbeitern Sicherheit bieten. Erst dann sind Sie in der Lage, Feedback zu geben mit dem ehrlichen Interesse, den Mitarbeiter weiterzuentwickeln. Die Haltung „Ich bin o. k. – Du bist o. k." hat einen erheblichen Einfluss darauf, ob und wie stark Sie eine sichere Basis für andere Menschen sein können. Sie ist eine wichtige Grundlage für Ihren Erfolg als Führungskraft.

**Voraussetzungen: Wie Sie selbst zu einer vertrauenswürdigen Person werden**

Sie können für Ihre Mitarbeiter nur dann zu einer vertrauenswürdigen Person, einer sicheren Basis und einer erfolgreichen Führungskraft werden, wenn:

- Sie ein ausreichend reflektiertes Selbstvertrauen besitzen, das heißt, wenn Sie ein Selbstbild haben, das mit dem Bild, das andere von Ihnen haben (Fremdbild) und mit Ihrem Wunsch-Selbstbild im Einklang ist.
- Sie wissen, wer Sie sind und was Sie können, wenn Sie sich selbst vertrauen.
- Sie ein positives Bild von anderen Menschen haben und ihnen vertrauen können.

### 2.1.4 Autorität, Charisma und Vertrauen

Das unfehlbare Mittel,
Autorität über die Menschen zu gewinnen,
ist, sich ihnen nützlich zu machen.
Marie Freifrau von Ebner-Eschenbach, Aphorismen (2015)

Woran liegt es, dass manche Führungskräfte eine besondere Autorität, Reputation und Anziehungskraft haben? Um diese Frage zu beantworten, lohnt es sich, einige berühmte Persönlichkeiten genauer anzuschauen, die als politische oder gesellschaftliche Leitfiguren nicht nur ein Team, nicht nur Hunderte oder Tausende Mitarbeiter beeinflusst haben, sondern Millionen von Menschen: John F. Kennedy, Martin Luther King und Nelson Mandela.

Was zeichnet diese Persönlichkeiten aus, dass sie für so viele Menschen eine sichere Basis sind bzw. waren? Zwar unterscheiden sich die Zielgruppen von Politikern und Führungskräften in der Wirtschaft, doch lassen sich leicht Parallelen herstellen. Selbstverständlich gelten die Ausführungen bezüglich der Ausstrahlungskraft auch für andere berühmte Persönlichkeiten der Geschichte. Aber John F. Kennedy, Martin Luther King und Nelson Mandela sind uns allen im wahrsten Sinne des Wortes nah, zeitlich und aus Gründen ihrer medialen Präsenz.

Wer würde bestreiten wollen, dass John F. Kennedy eine besonders sichere Basis für seine eigenen Landsleute, insbesondere aber für viele Berlinerinnen und Berliner, darstellte? Was machte ihn so besonders? Oder aber Martin Luther

King: Welche Eigenschaften verkörperte er, dass er solche Menschenmassen bewegen konnte? Was machte Nelson Mandela so besonders, dass ihn Millionen von Menschen als Führungskraft ansahen, selbst als er im Gefängnis saß? Kennedy stand unter anderem für diese drei Themen:

- **eine friedliche Welt** (durch die Lösung der Kuba-Krise, relevant für alle Erdenbewohner)
- **die USA als technologisch führende Weltmacht** (durch die Zielsetzung, als erste Nation auf dem Mond zu landen, relevant für alle Fortschrittsgläubigen und Menschen, die Amerika in der Welt die Führungsrolle zugestehen)
- **ein Leben in Freiheit** (durch seine berühmte Rede am Brandenburger Tor, relevant zumindest für die Bürger West-Berlins, wahrscheinlich aber für alle Deutschen und westlich orientierten Europäer)

JFK hat also einer Vielzahl von Menschen eine Vielzahl von Angeboten gemacht, ihn sympathisch zu finden und sich mit ihm zu identifizieren. Zudem war er augenscheinlich attraktiv und bot mit seiner elegant gekleideten Frau Jacqueline, seiner Familienhistorie und seiner Lebensweise eine Menge Unterhaltungsstoff.

Martin Luther King jr. war friedlicher Anführer der Bürgerrechtsbewegung in den USA und stand für eine gewaltfreie Welt, in der Menschen mit schwarzer Hautfarbe einen gleichberechtigten Platz neben den Weißen einnehmen könnten. Mit seinen rhetorisch exzellenten Predigten, Reden und friedlichen Protestmärschen faszinierte und motivierte er seine Mitmenschen, für die Rechte der Schwarzen in den USA einzutreten. Natürlich sahen viele weiße Machthaber in ihm eine Gefahr, vielleicht aber auch die Garantie dafür, dass die Proteste, an denen er beteiligt war, friedlich blieben. Er selbst wiederum bezog sich auf Führungspersönlichkeiten wie Mahatma Gandhi, der Indien friedlich in die Unabhängigkeit von Großbritannien führte.

Nelson Mandela war einer der führenden Köpfe im Kampf gegen die südafrikanische Politik der Rassentrennung und Diskriminierung der schwarzen Bevölkerung durch die weißen Herrscher. Den Preis für seinen Einsatz bezahlte er mit einem jahrzehntelangen Gefängnisaufenthalt, während dem seine anziehende Wirkung auf seine Anhänger nicht nachließ. Nach seiner Freilassung 1990 wurde Mandela zunächst Verhandlungsführer der Anti-Apartheid-Bewegung, wofür er gemeinsam mit seinem Gegenüber Willem de Klerk den Friedensnobelpreis erhielt. Schließlich wurde er in den ersten freien Wahlen Präsident von Südafrika. Nach seiner aktiven Zeit in der Politik setzte er sich als Elder Statesman weltweit für Freiheit und Gleichberechtigung von Unterdrückten ein und wurde so zum politischen und moralischen Vorbild für viele Menschen.

**Was also haben diese Herren gemeinsam?**
Sie waren charismatisch. Charisma entsteht, wenn eine Führungspersönlichkeit ihrer „Zielgruppe" viele Projektionsflächen für die Wünsche der Menschen in dieser Zielgruppe bieten kann. „Projektionsflächen" meint in diesem Kontext, dass eine Führungspersönlichkeit ihrer Zielgruppe Angebote macht, also Möglichkeiten schafft, dass sich ihre „Follower" mit ihr identifizieren.

**Was bedeutet das für Sie als Führungskraft im Unternehmen?**
Auch für Sie gilt: Je größer die Zahl der Projektionsflächen und Identifikationsmöglichkeiten, die Sie Ihren Mitarbeitern als Führungskraft bieten, desto größer ist die Wahrscheinlichkeit, dass ein Mitarbeiter Sie als charismatisch, als sichere Basis wahrnimmt.

Je mehr Angebote (=Projektionsflächen) Sie Ihren Mitarbeitern machen, sich mit Ihnen zu identifizieren, desto größer ist die Wahrscheinlichkeit, dass Sie als charismatische, vertrauenswürdige Führungsperson wahrgenommen werden.

### 2.1.5 Kompetenz und Vertrauen

Als Führungskraft im Unternehmen haben Sie in der Regel nicht dieselbe Gestaltungsmacht und mediale Aufmerksamkeit wie die dargestellten Persönlichkeiten. Daher stellt sich die Frage, welche Projektionsflächen Sie Ihren Mitarbeitern anbieten können, um als vertrauenswürdig, vielleicht sogar charismatisch, wahrgenommen zu werden.

Eine Möglichkeit, die Frage differenziert zu betrachten, ist das Erfolgstreiber-Kompetenzprofil, nachfolgend dargestellt am Beispiel der konkreten Anforderungen an eine Führungskraft im Verkauf. Die Kriterien gelten selbstverständlich auch für Führungskräfte in anderen Funktionen und Abteilungen und können je nach Bedarf und Position angepasst werden.

Das Erfolgstreiber-Kompetenzprofil hat vier Dimensionen (vgl. Abb. 2.6):

1. **Fachkompetenz** und die Antwort auf die Frage: Was weiß ich?
2. **Methodenkompetenz** und die Antwort auf die Frage: Welche Werkzeuge besitze ich, um meine Aufgaben zu lösen?
3. **Haltung** und die Antwort auf die Frage: Wie verhalte ich mich im Umgang mit Anderen und zur Arbeit?
4. **Persönlichkeit** und die Antwort auf die Frage: Welche Aufgaben fallen mir besonders leicht?

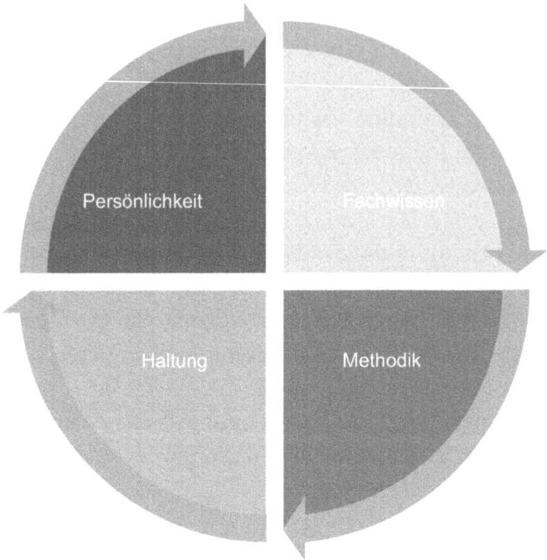


**Abb. 2.6** Erfolgstreiber-Kompetenzprofil

Jeder Dimension sind dabei fünf Kriterien zugeordnet:

**1. Dimension: Fachkompetenz**

Was wissen Sie über den Fachbereich, in dem Sie tätig sind? Grundsätzlich erscheint es zweckmäßig, wenn die Führungskraft aufgrund ihrer Ausbildung, ihrer Berufs- oder Branchenerfahrung über eine sehr gute Fachkompetenz für ihre Position verfügt.

Bezogen auf die einzelnen Kriterien zeigt sich folgendes Bild:

- **Markt und Branchen:** Wie gut kennen Sie die Branche, in der Sie tätig sind, und den Markt, in dem Ihr Unternehmen vertreten ist?
- **Kunden:** Wie gut kennen Sie Ihre Kunden? Welche Zielgruppen und Kundenstruktur hat Ihr Unternehmen?
- **Wettbewerb:** Welche Konkurrenten hat Ihr Unternehmen? Was treibt Sie an? Wie steht Ihr Unternehmen im Vergleich zum Wettbewerb da?
- **Unternehmen und Portfolio:** Wie gut kennen Sie Ihr Unternehmen und sein Produkt- oder Dienstleistungsportfolio?
- **Betriebswirtschaftliche Kenntnisse:** Wie steht es um Ihre betriebswirtschaftlichen Kenntnisse?

Je mehr Sie über Ihren Markt, Ihre Branche, Ihre Kunden, Ihren Wettbewerb, Ihr Unternehmen und das Portfolio wissen und wenn Sie in der Lage sind, Ihre

Produkte oder Projekte richtig zu kalkulieren, desto mehr werden Ihre Mitarbeiter Sie als Autorität wahrnehmen und als vertrauenswürdig einstufen. Tab. 2.2 beschreibt im Detail die Kriterien hinsichtlich der Fachkompetenz am Beispiel von Führungskräften im Verkauf.

Abb. 2.7 vergleicht die Fachkompetenz einer Führungskraft im Verkauf mit der eines beispielhaften Mitarbeiters. Beim Thema Branchenkenntnis liegt das Verhältnis auf einer 10er-Skala bei 8 zu 5, das heißt: Die Führungskraft verfügt über größere bzw. tiefere Branchenkenntnisse als der Mitarbeiter. Dies könnte zum Beispiel der Fall sein, wenn die Führungskraft schon länger in der Branche tätig ist, und/oder wenn sie Mitglied in einem Branchenverband ist.

Beim Thema **Kunden** ist das Verhältnis andersherum (10 beim Mitarbeiter, 6 bei der Führungskraft). Der Mitarbeiter im Verkauf kennt seine Kunden besser als die Führungskraft. Im Vertrieb bedeutet das nicht unbedingt einen Nachteil für die Führungskraft, und manchmal ist das auch gar nicht möglich, da sie als Vorgesetzter mehrerer Verkäufer nicht jeden Kunden einzeln kennen kann. Was die grundsätzlichen Kundenstrukturen betrifft (A-, B-, C-Klassifizierung oder -Potenziale), sollte die Führungskraft hingegen schon den Überblick haben, denn das hilft ihr bei grundsätzlichen Entscheidungen zu Vertriebsmaßnahmen.

Beim Kriterium **Wettbewerb** hat in unserem Beispiel die Führungskraft die Nase vorn (9 zu 5). Dies bedeutet, dass sie die Positionierung, die Merkmale, Stärken und Schwächen des Wettbewerbs besser einschätzen kann als ihr Verkäufer. Darüber hinaus kennt sie vielleicht die strategischen Herausforderungen im Wettbewerb mit anderen Unternehmen besser als ihr Mitarbeiter. Ein Grund hierfür könnte die längere Berufserfahrung sein, die die Führungskraft mitbringt. Vielleicht hat sie vor ihrer jetzigen Tätigkeit bei einem Wettbewerber gearbeitet und hat dann innerhalb der Branche gewechselt.

In unserem Beispiel verfügt die Führungskraft über eine bessere Kenntnis des eigenen **Unternehmens** und seines **Portfolios** (9 zu 7). Sicherlich wird sie in Sitzungen mit anderen Führungskräften auf ihrer Ebene oder der Unternehmensleitung Informationen über das Unternehmen erhalten, die ihr einen Blick für „das große Ganze“ ermöglichen. Ist ihr Team nur für einen Ausschnitt des Produktportfolios verantwortlich, dann sind viele dieser Informationen für die Arbeit des Mitarbeiters gar nicht erst relevant.

**Betriebswirtschaftliche Kenntnisse** sind auch im Vertrieb besonders wichtig, zum Beispiel um Angebote und Deckungsbeiträge zu kalkulieren. Hier verfügt der Verkäufer (9) über bessere BWL-Kenntnisse als die Führungskraft (4). Dies kann dazu führen, dass der Führungskraft die Kontrolle der Deckungsbeiträge oder das Berechnen von Provisionen für den Verkäufer schwerer fällt.

**Tab. 2.2** Fachkompetenz: Dimensionen und Kriterien im Erfolgstreiber-Kompetenzprofil

| Markt und Branche | Kunden | Wettbewerb | Unternehmen und Portfolio | BWL-Kenntnisse |
|---|---|---|---|---|
| *Wissen um die Marktentwicklung in der Vergangenheit und Einschätzung des Marktes für die Zukunft* | *Wissen um die Kundenstruktur des Marktes, des Unternehmens oder des eigenen Verantwortungsbereichs, über Top-Kunden und deren Herausforderungen* | *Kenntnis der wichtigsten Wettbewerber im Markt* | *Kenntnis des eigenen Unternehmens und Angebotsportfolios* | *Betriebswirtschaftlich notwendige Kenntnisse, differenziert nach Branche, Unternehmen und Aufgabe* |
| • Wie hat sich der Markt in den letzten drei Jahren entwickelt? Und warum?<br>• Wie ist die aktuelle Situation des Marktes und der Branche?<br>• Welche Herausforderungen kommen auf die Branche zu?<br>• Wie nutzen Sie Branchen- und Fachinformationen?<br>• Wie informieren Sie sich über Politik, Wirtschaft, Wissenschaft, Gesellschaft, Kultur? | • Wie ist die Kundenstruktur Ihres Unternehmens und die Ihres Verantwortungsbereiches?<br>• Wie ist Ihre Kundenstruktur im Vergleich zu der im Markt und zu der der Wettbewerber?<br>• Wer sind Ihre A-Kunden?<br>• Wer sind die Top-Kunden im Markt?<br>• Was sind die Herausforderungen und Ziele der wichtigsten Kunden? | • Welche Merkmale, Stärken und Schwächen besitzen Ihre Produkte und Dienstleistungen im Vergleich zu denen der Wettbewerber?<br>• Welche strategischen Herausforderungen und Ziele haben Ihre Wettbewerber?<br>• Wie argumentieren und arbeiten die Wettbewerber?<br>• Was wissen Sie über deren Produkt- und Preispolitik? | • Wie unterscheidet sich Ihr eigenes Unternehmen in Bezug auf Kultur, Werte, Identität, Philosophie von anderen?<br>• Wie unterscheidet sich Ihr Portfolio von dem der Wettbewerber, zum Beispiel hinsichtlich Preis, Qualität, Leistungsmerkmalen, Umsatzstruktur, Kalkulation und Deckungsbeitrag, Qualität, Alleinstellungsmerkmalen, Nutzenversprechen und Schwächen? | • Wie kalkulieren Sie Ihre Produkte oder Dienstleistungen?<br>• Wie berechnen Sie Ihre Deckungsbeiträge? |

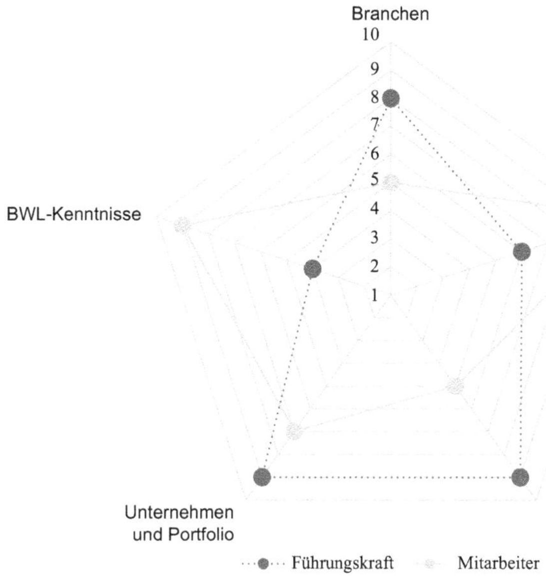


**Abb. 2.7** Fachkompetenz: Vergleich Führungskraft/Mitarbeiter

Ein böswilliger Mitarbeiter könnte die geringere Fachkompetenz der Führungskraft in diesem Punkt zu seinem Vorteil ausnutzen.

**Fragen Sie sich selbst, welche Konsequenzen es hat, wenn …**

- die Mitarbeiter sich besser im Markt und der Branche auskennen als ihre Führungskräfte?
- Führungskräfte die Bedürfnisse der Top-Kunden nicht kennen?
- Führungskräfte die Wettbewerber und ihre Strategien nicht ausreichend kennen?
- Führungskräfte nicht in der Lage sind, die Unternehmensstrategie und -kultur oder das Produktportfolio zu erklären?
- Führungskräfte nicht in der Lage sind, kaufmännisch sinnvoll zu kalkulieren?

Welche Situationen haben Sie selbst als Mitarbeiter erlebt, die wegen fehlender Fachkompetenzen das Vertrauen zwischen Ihnen und Ihrer Führungskraft geschädigt haben?

Sie können selbstverständlich nicht in jedem Bereich mit fundiertem Fachwissen glänzen. Jeden Tag werden Sie heute als Führungskraft mit Informationen zugeschüttet. Diese Menge an Informationen können Sie gar nicht verarbeiten. Allerdings sollten Sie bei Kernthemen Sicherheit ausstrahlen. Je mehr Fachwissen Sie besitzen, desto eher akzeptieren Ihre Mitarbeiter Sie als Führungskraft. Sie können also über Ihr Fachwissen Vertrauen aufbauen.

**2. Dimension: Methodenkompetenz**
Die Methodenkompetenz beantwortet diese Frage: Welche Werkzeuge und Instrumente beherrschen Sie, um Ihre Aufgaben erfolgreich zu bewältigen?

Wie Sie Ihre Aufgaben als Führungskraft angehen, zeigt den Mitarbeitern, ob Sie Ihr Handwerk beherrschen. Was würden Sie von einem Vorgesetzten halten, der seine Kritik nicht konstruktiv äußern kann? Vertrauen Sie als Vertriebsmitarbeiter einer Führungskraft, die noch nie ein Verkaufsgespräch geführt hat? Wie nehmen Sie als Mitarbeiter einen Vorgesetzten wahr, wenn er es nicht schafft, seine eigene Arbeit zu erledigen?

Als Führungskraft sollten Sie die folgenden Werkzeuge und Instrumente beherrschen:

- **Führung:** Besitzen Sie das Handwerkszeug, um Ihre Mitarbeiter zu fördern und zu fordern? Als Führungskraft sollten Sie kommunizieren, Ihre Mitarbeiter beurteilen und entwickeln können, Kritikgespräche führen, attraktive Ziele setzen und Ihren Mitarbeitern Entwicklungsperspektiven aufzeigen können.
- **Präsentation und Moderation:** Sind Sie in der Lage, begeisternd (sowohl vor den Mitarbeitern als auch vor Kunden) zu präsentieren sowie Meetings effizient und zielgerichtet zu moderieren?
- **Verhandlung und Verkauf:** Inwiefern können Sie Verhandlungen und Verkaufsgespräche strukturiert und zielorientiert vorbereiten und durchführen?
- **Vertriebsmanagement:** Inwiefern schaffen Sie es, Ziele zu definieren sowie entsprechende Maßnahmen zu planen und durchzuführen, um Umsätze und Deckungsbeiträge generieren, also den Vertriebserfolg zu pushen?
- **Selbstmanagement:** Sind Sie imstande, Ihre eigene Arbeit effizient und effektiv zu gestalten?

Tab. 2.3 zeigt die einzelnen Dimensionen der Methodenkompetenz und beispielhafte Fragen, um Ihre eigene Methodenkompetenz und die Ihrer Mitarbeiter zu überprüfen.

Abb. 2.8 vergleicht Führungskraft und Mitarbeiter, diesmal hinsichtlich ihrer jeweiligen Methodenkompetenz.

**Tab. 2.3** Methodenkompetenz: Dimensionen und Kriterien im Erfolgstreiber-Kompetenzprofil

| Führung | Präsentation und Moderation | Verhandlung und Verkauf | Vertriebsmanagement | Selbstmanagement |
|---|---|---|---|---|
| *Fähigkeit zu Kritik und Korrektur und Mitarbeiter zu beurteilen, zu entwickeln und zu fördern sowie Zielvereinbarungen zu verabreden* | *Fähigkeit, erfolgreich und überzeugend zu präsentieren, zu moderieren sowie Vorträge oder Ansprachen zu halten und zu begeistern* | *Fähigkeit, strukturiert und erfolgreich Verhandlungen und Verkaufsgespräche zu planen und durchzuführen* | *Fähigkeit, Ziele zu entwickeln und entsprechende Maßnahmen zu planen, zu steuern, durchzuführen, zu kontrollieren und anzupassen* | *Fähigkeit, die eigene Arbeit effizient und effektiv zu gestalten* |
| • Wie beurteilen Sie das Potenzial Ihrer Mitarbeiter?<br>• Wie bauen Sie Vertrauen zu Ihren Mitarbeitern auf?<br>• Wie fördern Sie Ihre Mitarbeiter?<br>• Wie gelingt es Ihnen, Ihre Mitarbeiter zu außergewöhnlichen Leistungen zu führen?<br>• Ermöglichen Sie es Ihren Mitarbeitern, Risiken einzugehen und Fehler zu machen?<br>• Sind Sie in der Lage, Kritik sachlich und konstruktiv vorzutragen?<br>• Geben Sie Ihren Mitarbeitern Gelegenheit, sich selbst zu korrigieren? | • Können Sie Präsentationen planen, strukturieren und überzeugend durchführen?<br>• Sind Sie in der Lage, eine Besprechung oder eine Diskussion zu moderieren und zu einem Ziel zu führen?<br>• Können Sie einen Vortrag, eine Ansprache oder Rede vorbereiten und halten und Ihre Zuhörer begeistern? | • Sind Sie in der Lage, Verhandlungen vorzubereiten und strukturiert zu führen?<br>• Können Sie Interessen, Optionen und Messkriterien erarbeiten?<br>• Wie ermitteln Sie in einem Verkaufsgespräch den Bedarf Ihres Kunden?<br>• Können Sie überzeugend argumentieren und Einwände behandeln?<br>• Wie führen Sie Verhandlungen und Verkaufsgespräche zu einem erfolgreichen Abschluss? | • Können Sie Unternehmens-, Bereichs- oder Abteilungsziele herleiten und definieren?<br>• Wie kontrollieren Sie, ob und inwieweit diese Ziele erfüllt wurden?<br>• Sind Sie in der Lage, aus Zielen Maßnahmen abzuleiten, umzusetzen und zu kontrollieren?<br>• Können Sie Markt- und Kundensegmente und deren Potenziale identifizieren?<br>• Wie gewährleisten Sie eine effiziente Neukundenansprache und/oder Bestandskundenbetreuung?<br>• Wie steuern und kontrollieren Sie Datenerfassung und -management<br>• Wie optimieren Sie Ihre Vertriebsprozesse? | • Wie planen Sie Ihre eigenen Aufgaben, Termine und Aktivitäten?<br>• Halten Sie Ihre Zeitpläne ein?<br>• Priorisieren Sie Ihre Aufgaben, und wenn ja wie?<br>• Anhand welcher Kriterien entscheiden Sie, wie Sie Ihre Arbeitszeit für strategische/konzeptionelle/administrative und für operative Aufgaben aufteilen?<br>• Können Sie so delegieren, dass es Ihnen Zeit spart?<br>• Wie Identifizieren und vermeiden Sie Zeitfresser? |

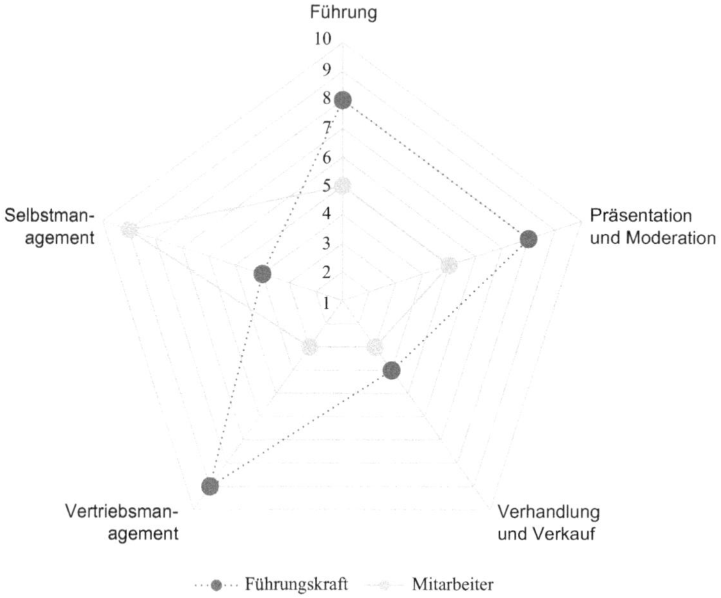


**Abb. 2.8** Methodenkompetenz: Vergleich Führungskraft/Mitarbeiter

**Führung:** Es gibt immer wieder Mitarbeiter, die früher selbst in Führungspositionen tätig waren und deshalb selbst Führungskompetenzen besitzen. Wenn diese besser ausgeprägt sind als die der eigenen Führungskraft, so ist dies natürlich eine besondere Herausforderung für Letztere. In unserem Beispiel verfügt die Führungskraft über recht ausgeprägte Führungskompetenzen (8), während der Mitarbeiter mittlere Fähigkeiten (5) besitzt. Das Führungspotenzial des Mitarbeiters könnte in der weiteren Planung der Führungskraft interessant werden, zum Beispiel, wenn es darum geht, eine Teamleiterposition neu zu besetzen. Dafür bietet sich eine Standortbestimmung an (vgl. Abschn. 3.2).

Kann die Führungskraft vor seinen Mitarbeitern und vor Kunden erfolgreich und überzeugend **präsentieren** sowie Besprechungen effizient und effektiv **moderieren,** stärkt diese Kompetenz die Vorbildfunktion der Führungskraft. In dieser Dimension verfügt die Führungskraft (8) über größere Kompetenzen als ihr Mitarbeiter (5). Leider haben viele Führungskräfte meiner Erfahrung nach keine Motivation oder die Fähigkeit, begeisternd zu präsentieren. Auch die Fähigkeit, Besprechungen strukturiert durchzuführen, ist häufig nicht besonders ausgeprägt.

Vielfach ziehen sich die Meetings in die Länge und enden viel zu oft ohne konkrete Ergebnisse. Dies führt oft zu Demotivation bei den Mitarbeitern, da ihre Führungskraft keine Leidenschaft zeigt und kein Fortkommen in der Aufgabe oder Projekten erkennbar ist.

Im Vertrieb, sowie in jeder anderen Führungsposition und Abteilung, ist die Frage wichtig, ob eine Führungskraft in der Lage ist, das eigene Produkt, die Dienstleistung oder eine Idee erfolgreich zu **verkaufen** und **Verhandlungen** zu einem erfolgreichen Ende zu führen. Davon hängt häufig das Wohl und Wehe ganzer Abteilungen ab, seien es Verkaufsverhandlungen mit Kunden oder Budgetverhandlungen mit der Forschungsabteilung. Das Beispiel zeigt bei Führungskraft (4) und Mitarbeiter (3) eher schwach ausgeprägte Kenntnisse über Verhandlungs- und Verkaufsinstrumente und -techniken. Es ist daher sehr fraglich, ob das Team oder die Abteilung erfolgreich arbeiten kann, wenn diese Kompetenz bei ihrer Führungskraft so gering ausgeprägt ist.

Ist eine Führungskraft in der Lage, den Managementzyklus Plan→Do→Check→Act für seine Hauptaufgabe strukturiert durchzuführen? Das ist eine wesentliche Grundlage für den Erfolg ihres Teams, denn dafür muss sie die richtigen Maßnahmen definieren, planen, umsetzen, kontrollieren und gegebenenfalls Veränderungen herbeiführen. Ganz wichtig in diesem Bereich ist auch der Umgang mit Daten. Das Kriterium **Vertriebsmanagement** zeigt eine sehr hohe Kompetenz bei der Führungskraft (9), während der Mitarbeiter (3) nur eine geringe Kompetenz aufweist. Doch auch der Mitarbeiter sollte seinen Verantwortungsbereich im Griff haben, ansonsten sind Konflikte in der Zusammenarbeit zwischen Mitarbeiter und Führungskraft vorprogrammiert und wirken sich negativ auf ihr Vertrauensverhältnis aus.

Schafft es die Führungskraft (4) wie im Beispiel nicht, die eigene **Arbeitszeit** in den Griff zu bekommen, während ihr Mitarbeiter (9) sehr strukturiert arbeitet, birgt dies ebenso großes Konfliktpotenzial. Die Führungskraft muss sich oft mit mehr Aufgaben und Themen auseinandersetzen und sieht, wie ihr Mitarbeiter regelmäßig und pünktlich mit einem aufgeräumten Schreibtisch das Büro verlässt. Sie selbst sitzt jedoch häufig bis in die Abendstunden im Geschäft, während die Ehefrau und die Kinder zu Hause warten. Dies führt mittel- und langfristig zu Frustration und Ärger. Die Führungskraft kann sich nur selbst helfen, indem sie ihre Zeitfresser analysiert und ihre Prioritäten klar definiert. Wäre das Verhältnis andersherum, hätte also der Mitarbeiter ein Problem mit seiner Arbeitsorganisation, wäre es hingegen Aufgabe der Führungskraft, den Mitarbeiter dabei zu unterstützen und Abhilfe zu schaffen.

**Fragen Sie sich selbst, welche Folgen es hat, wenn …**

- ein Mitarbeiter glaubt, dass seine Führungskraft seine Potenziale nicht richtig einschätzt und ihn nicht entsprechend fördert?
- die Präsentationen einer Führungskraft und die Meetings mit ihr eine nicht enden wollende Qual sind, weil sie unstrukturiert oder langweilig sind?
- eine Führungskraft kein Vorbild für ihre Mitarbeiter in Verhandlungen und als Verkäufer ist?
- eine Führungskraft nicht in der Lage ist, die richtigen und notwendigen Vertriebsmaßnahmen zu definieren, zu steuern und zu kontrollieren?
- eine Führungskraft ihre Zeit und ihre Arbeit nicht oder nur schlecht selbst managen kann?

Welche Situationen haben Sie selbst als Mitarbeiter erlebt, die wegen fehlender Methodenkompetenzen das Vertrauen zwischen Ihnen und Ihrer Führungskraft beschädigt haben?

Mit Ihrer Methodenkompetenz beantworten Sie die Frage, ob Sie Ihr Handwerk beherrschen. Denn nicht für jedes Problem ist der Hammer die richtige Lösung. Je besser Ihr Werkzeugkasten gefüllt ist und je souveräner Sie Ihre Werkzeuge beherrschen, desto höher ist die Wahrscheinlichkeit, dass Sie das richtige Werkzeug zur richtigen Zeit einsetzen.

Zeigen Sie, dass Sie flexibel und angemessen auf unterschiedliche Herausforderungen, Aufgaben und Probleme reagieren, trägt das dazu bei, dass Ihre Mitarbeiter Ihnen Vertrauen und Sie als sichere Basis betrachten. Als gute Führungskraft achten Sie zudem darauf, Ihren Mitarbeitern die richtigen Werkzeuge an die Hand zu geben.

**3. Dimension: Haltung**

Hier geht es um die Frage, wie Sie sich im Umgang mit Anderen verhalten und wie Sie zu Ihrer Aufgabe als Führungskraft stehen. Die nachfolgenden Kategorien sind vermutlich die wichtigsten, wenn Sie das Vertrauen Ihrer Mitarbeiter gewinnen und so zur sicheren Basis für sie werden wollen. Selbstverständlich sind diese Kategorien ebenso maßgeblich daran beteiligt, wenn Sie das Vertrauen Ihrer Mitarbeiter verlieren:

- **Transparenz und Sichtbarkeit:** Informieren Sie als Führungskraft proaktiv interne (Mitarbeiter) und externe Stakeholder (zum Beispiel Kunden), versorgen sie mit relevanten Informationen und setzen dabei auf Transparenz? Zeigen Sie sich regelmäßig Ihren Mitarbeitern und den externen Gruppen, zum Beispiel auf Abteilungs- oder Betriebsversammlungen und ähnlichen Veranstaltungen?
- **Einzigartigkeit:** Inwiefern unterscheiden Sie sich von anderen Führungskräften, im Unternehmen und außerhalb? Wie positionieren Sie sich? Wissen Ihre Mitarbeiter, woran Sie bei Ihnen sind?
- **Verantwortungsbewusstsein:** Inwieweit sind Sie bereit, Ihre Führungsrolle und die dazugehörige Verantwortung anzunehmen und auszufüllen?
- **Positive Einstellung:** Als Führungskraft ist es wichtig, an neue Herausforderungen optimistisch heranzugehen. Glauben Sie daran, dass Sie gewinnen können?
- **Verbindlichkeit und Glaubwürdigkeit:** Halten Sie ein, was Sie versprechen? Können Ihre Mitarbeiter und andere Anspruchsgruppen Ihnen glauben?

Tab. 2.4 beschreibt die einzelnen Dimensionen und Kriterien im Bereich Haltung.

**Exkurs zum Thema Haltung**

In einigen Unternehmen ist es schwieriger als in anderen, Haltung zu zeigen. Ein gutes Gehalt und die vermeintliche Sicherheit einer festen Anstellung haben schon so manchen gestandenen Manager dazu gebracht, Entscheidungen mitzutragen oder sogar selbst auszuführen, die er als Privatperson entrüstet von sich gewiesen hätte. Immer wieder werden ethisch fragwürdige Unternehmensentscheidungen öffentlich, die Dunkelziffer liegt wahrscheinlich deutlich höher. Das prägnanteste Beispiel in der jüngeren Vergangenheit ist zweifellos der Abgasskandal in der deutschen Autoindustrie.

Persönlich habe ich leider schon einige Fälle erlebt, in denen Führungskräfte keine Haltung zeigten, viele Geschichten haben mir Betroffene erzählt. So kam genug Material zusammen, um ein weiteres Buch zu füllen – nicht über die Prinzipien guter, sondern über schlechte Führung und schlechtes Management. Das Traurige dabei ist: Ich bin sicher, dass Sie mit Ihren persönlichen Erfahrungen eine Menge zu diesem Buch beitragen könnten.

Die Geschichten, die ich selbst erlebt habe, drehen sich nicht um unglückliche, versehentliche Fehler oder Missverständnisse. Sie handeln vielmehr davon, dass Unternehmen ihre Mitarbeiter und Kunden, die Sozialversicherung oder den Staat bewusst belügen und betrügen, um sich Vorteile zu sichern. Manchmal geht es ganz einfach auch um persönliche Bereicherung.

**Tab. 2.4** Haltung: Dimensionen und Kriterien im Erfolgstreiber-Kompetenzprofil

| Transparenz und Sichtbarkeit | Einzigartigkeit | Verantwortungsbewusstsein | Positive Einstellung | Verbindlichkeit und Glaubwürdigkeit |
|---|---|---|---|---|
| *Die Führungskraft informiert proaktiv und transparent intern (Mitarbeiter) und extern (zum Beispiel Kunden), ist präsent und ansprechbar* | *Die Führungskraft besetzt eindeutige Positionen und sendet klare Botschaften aus, ihre Mitarbeiter wissen, woran sie bei ihr sind* | *Beschreibt die Bereitschaft der Führungskraft, ihre Führungsrolle und die dazugehörige Verantwortung anzunehmen und auszufüllen* | *Die Führungskraft besitzt eine positive Einstellung gegenüber anstehenden Aufgaben und Herausforderungen* | *Die Führungskraft hält, was sie verspricht. Ihre Mitarbeiter können ihr Glauben schenken* |
| • Sind Sie für Ihre Mitarbeiter erreichbar und ansprechbar?<br>• Gehen Sie auf Mitarbeiter(anfragen) ein?<br>• Widmen Sie den Mitarbeitern und anderen Stakeholdern ausreichend Zeit?<br>• Veranstalten Sie regelmäßig (interne) Meetings?<br>• Halten Sie Vorträge oder Reden?<br>• Sind Sie über interne und externe Medien präsent?<br>• Versorgen Sie Mitarbeiter mit relevanten Informationen, soweit und sobald sie veröffentlicht werden können?<br>• Berichten Sie über eigene Herausforderungen und Tätigkeiten? | • Kommunizieren Sie prägnant, klar und eindeutig?<br>• Besitzen Sie ein eigenes Thema, für das Sie sich persönlich besonders einsetzen?<br>• Besitzen Sie persönliche Merkmale, die Sie im Unternehmen und außerhalb unverwechselbar machen? | • Stehen Sie zu Ihren Entscheidungen?<br>• Übernehmen Sie Verantwortung für Fehler Ihrer Mitarbeiter?<br>• Fragen Sie sich, wie Sie sich ständig verbessern können?<br>• Nehmen Sie Ihre Rolle als Vorbild an? | • Sind Sie selbst überzeugt davon, dass Sie anspruchsvolle Ziele erreichen und übertreffen können?<br>• Vertreten Sie diese Überzeugung nach außen, insbesondere gegenüber den Mitarbeitern?<br>• Sehen Sie Probleme als Herausforderungen an, an denen Sie (und Ihre Mitarbeiter) wachsen können?<br>• Spielen Sie gerne auf Sieg und gehen dabei bewusst Risiken ein? | • Halten Sie Ihre Ankündigungen ein und setzen sie um?<br>• Sorgen Sie dafür, dass Ihre Mitarbeiter Ihre Versprechen einhalten können, beispielsweise indem Sie die geeigneten Ressourcen bereitstellen?<br>• Praktizieren Sie selbst, was Sie predigen?<br>• Bleiben Sie bei der Wahrheit? |

Dabei habe ich, früher intuitiv, heute sehr bewusst, eine Grenze für mich gezogen, hinter der ich bestimmte Entscheidungen und Maßnahmen nicht toleriere. Diese Grenze wird dann überschritten, wenn Menschen oder Organisationen bewusst geschädigt werden. Dabei handele ich gerne nach der goldenen Regel: Was du nicht willst, das man dir tut, das füg' auch keinem anderen zu!

Deswegen habe ich dreimal in meinem Berufsleben als Angestellter meinen Job gekündigt. Ich war nicht einverstanden damit, dass Mitarbeiter bewusst angelogen wurden. Ich wollte nicht einfach hinnehmen, dass ich selbst geschädigt wurde. Und ich habe mich dagegen gewehrt, meinen Kunden und meinen Mitarbeitern Lügen auftischen zu müssen und sie zu betrügen.

Das Unternehmen, das meine Toleranzgrenze am stärksten verletzte, bot mir noch während meiner Probezeit an, die Geschäftsführung eines Tochterunternehmens zu übernehmen. Zum Glück ahnte ich, dass in dem Unternehmen einiges im Argen lag. Ein von mir sehr geschätzter Manager hatte kurz zuvor, nach nur zwei Monaten, das Unternehmen wieder verlassen. Als ich mir die Zahlen des Unternehmens anschaute, dass ich führen sollte, war ich trotz meiner Vorahnung so schockiert, dass ich mich dazu entschloss, das Unternehmen noch während der Probezeit wieder zu verlassen. Denn die Zahlen waren frisiert und die Manager arrogant und selbstgefällig – mal abgesehen davon, dass es ihnen nicht nur an Kompetenz mangelte, sondern auch an Rückgrat.

Wahrscheinlich habe ich mir selbst einen Gehaltssprung von 50 % vermasselt und hätte mir so ein paar finanzielle Engpässe erspart. Dafür kann ich heute noch geradestehen, in den Spiegel und in die Augen meiner Tochter schauen.

Es gibt Menschen, die glauben, über dem Gesetz zu stehen und andere nicht respektieren zu müssen. Falls Sie in einem Unternehmen arbeiten, in dem solche Menschen das Sagen haben: Sie müssen dort nicht arbeiten, denn Sie haben die Wahl. Jeder Arbeitstag in solch einem Unternehmen ist einer zu viel!

Das Beispiel für die Dimension Haltung (vgl. Abb. 2.9) zeigt ein großes Konfliktpotenzial zwischen Führungskraft und Mitarbeiter bzw. die Gefahr, dass der Aufbau von Vertrauen nur schwer gelingen kann.

Transparenz und Sichtbarkeit scheinen der Führungskraft relativ unbedeutend zu sein (3). Der Mitarbeiter hat jedoch das Bedürfnis, regelmäßig und ausführlich informiert zu werden (7). Für seinen eigenen Verantwortungsbereich macht er das auch, allerdings stellt die mangelnde Transparenz und die Sichtbarkeit seiner Führungskraft ein Problem für ihn dar. Folge: Das Vertrauen zwischen beiden leidet.

Dazu kommt, dass die Führungskraft kaum Merkmale aufweist, die sie zu einer unverwechselbaren Marke machen – und auch das ist für den Mitarbeiter unbefriedigend. So bietet die Führungskraft (4) dem Mitarbeiter (7) keine

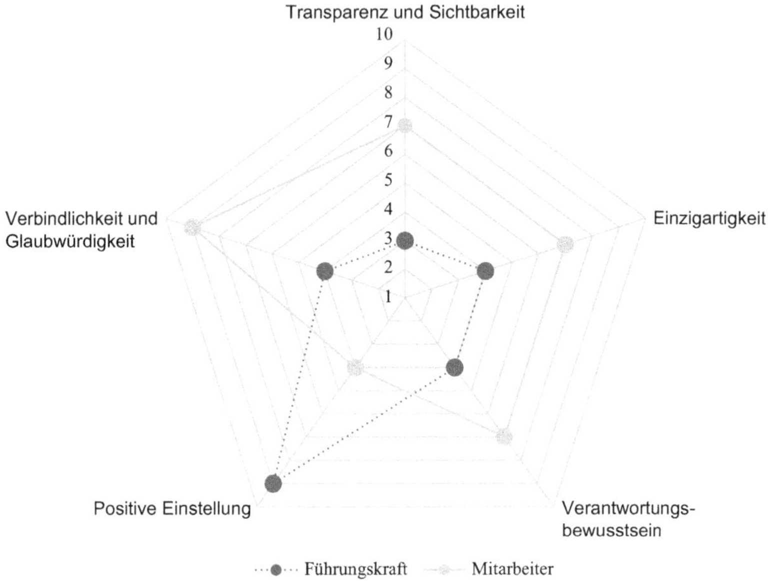


**Abb. 2.9** Haltung: Vergleich Führungskraft/Mitarbeiter

Identifikationsmöglichkeit. Der Mitarbeiter selbst verfügt hingegen über gewisse Eigenschaften, die ihn einzigartig erscheinen lassen. In Krisenzeiten kann dies für die Führungskraft in zweierlei Hinsicht zum Problem werden: Wenn sie zum einen in der Unternehmensleitung nicht als unverzichtbar gilt oder mit ungünstigen Eigenschaften verbunden wird, könnten die Entscheider im Unternehmen auf die Idee kommen, sie zu ersetzen. Wenn zum anderen die Mitarbeiter Probleme haben, sich mit ihrem Chef zu identifizieren, fehlt ihm zudem die Unterstützung seines Teams im Kampf um seinen Job.

Nimmt die Führungskraft ihre Verantwortung war, oder wälzt sie sie gerne auf das Team ab? Die beispielhafte Bewertung zeigt, dass die Führungskraft (4) sich ihrer Verantwortung nicht so bewusst ist wie der Mitarbeiter (7). Deshalb besteht auch hier Konfliktpotenzial. Zeigt die Führungskraft bei Fehlern auf einzelne Mitarbeiter seines Teams, statt sich vor seine Leute zu stellen, nimmt die Beziehung zwischen der Führungskraft und dem Team insgesamt enormen Schaden. Jeder der Mitarbeiter fragt sich dann, ob er beim nächsten Fehler selbst bloßgestellt wird. Eine mögliche Folge ist, dass das Team weniger in der Lage und willens ist, Risiken einzugehen und sich stattdessen auf die Vermeidung von Fehlern konzentriert.

Eine positive Einstellung zu besitzen, ist eine der herausragenden Eigenschaften einer guten Führungskraft. Sie führt dazu, dass ihre Mitarbeiter mit einem positiven, optimistischen Gefühl an ihre Aufgaben und Herausforderungen herangehen. Eine positive Einstellung vergrößert die Wahrscheinlichkeit, dass sich Erfolg einstellt. Im Beispiel ist die positive Einstellung der Führungskraft stark ausgeprägt (9), der Mitarbeiter dagegen hat eine eher skeptische Grundhaltung (4). Schon bei der isolierten Betrachtung dieses Kriteriums liegt der Schluss nahe, dass die Führungskraft es schwer haben wird, den Mitarbeiter von neuen Ideen zu überzeugen oder davon, schwierige Aufgaben zu übernehmen. Im Zusammenhang mit dem Befund, dass die Führungskraft wenig dazu beigetragen hat, dass der Mitarbeiter ihr Vertrauen schenken kann, wird ihre Aufgabe, dem Mitarbeiter ihre positive Einstellung gegenüber neuen Aufgaben und Veränderungen „einzuimpfen", schier unmöglich.

Kommt wie im Beispiel dazu, dass die Führungskraft wenig verbindlich und glaubwürdig ist (4), diese Eigenschaft beim Mitarbeiter aber besonders ausgeprägt ist (9), lässt sich als Fazit ziehen, dass die Beziehung zwischen den beiden Personen nicht die beste und das Vertrauen nur gering ausgeprägt ist.

**Fragen Sie sich selbst, welche Konsequenzen es hat, wenn …**

- ein Mitarbeiter mehr Transparenz wünscht, als seine Führungskraft an den Tag legt?
- eine Führungskraft nie für ihre Mitarbeiter präsent ist?
- Mitarbeiter sich nach einem Chef sehnen, der einzigartige, kraftvolle Botschaften aussendet?
- eine Führungskraft sich gerne mit den Lorbeeren der Mitarbeiter schmückt, wenn etwas gut läuft?
- eine Führungskraft die Schuld für Fehler und Probleme auf die Mitarbeiter abwälzt, wenn es schlecht läuft?
- eine Führungskraft selbst nicht daran glaubt, dass ein Projekt zum Erfolg führt oder eine Krise überstanden wird?
- Mitarbeiter eine Führungskraft haben wollen, die hält, was sie verspricht, statt Lippenbekenntnisse zu machen und Worthülsen abzusondern?
- eine Führungskraft wenig glaubwürdig in ihren Ausführungen (beispielsweise hinsichtlich ihrer eigenen Vita, Projekten, Unternehmenszahlen) ist?

Welche Situationen haben Sie selbst als Mitarbeiter erlebt, die wegen fehlender Haltung das Vertrauen zwischen Ihnen und Ihrer Führungskraft beschädigt haben?

Zeigen Sie Haltung. Füllen Sie die Kategorien Transparenz und Sichtbarkeit, Einzigartigkeit, Verantwortungsbewusstsein, positive Einstellung sowie Verbindlichkeit und Glaubwürdigkeit mit Leben. So können Ihre Mitarbeiter Vertrauen zu Ihnen aufbauen. Seien Sie in Ihrer Haltung ein Vorbild für Ihre Mitarbeiter!

**4. Dimension: Persönlichkeit**

Ihre Persönlichkeit beantwortet im beruflichen Kontext die Frage: Wie leicht fällt Ihnen eine Aufgabe? Wie gerne üben Sie eine Tätigkeit aus?

Selbstverständlich übt Ihre Persönlichkeit einen enormen Einfluss auf Ihr Führungsverhalten aus. Deswegen ist ein weiterer wichtiger Baustein für Ihren Erfolg als Führungskraft, dass Sie Ihr Verhalten gegenüber Ihren Mitarbeitern reflektieren und deren Persönlichkeitsmerkmale beachten. Wenn Sie sich auf die individuellen Typen unter Ihren Mitarbeitern einstellen können, können Sie Ihre Führung flexibler und variantenreicher gestalten.

Die unterschiedlichen Ausprägungen in den Persönlichkeitsmerkmalen von Führungskräften und Mitarbeitern sind ein häufiger Grund für die angespannten Situationen zwischen diesen. Dabei beschreibt die

- **Emotionale Stabilität** Ihre Gemütsverfassung, Ihre Ausgeglichenheit und Ihre Fähigkeit, emotionale Reaktionen zu kontrollieren,
- **Extraversion** Ihre Kontaktstärke und Geselligkeit,
- **Offenheit für Erfahrungen** das Interesse an neuen Erfahrungen, Erlebnissen und Eindrücken und wie hoch Ihre Bereitschaft ist, sich damit auseinanderzusetzen,
- **Gewissenhaftigkeit** den Grad an Ihrer Selbstkontrolle, Genauigkeit und Perfektionismus, und
- **Verträglichkeit,** wie stark ihr Altruismus ausgeprägt ist, also Ihr Verständnis, Ihr Wohlwollen und Ihr Mitgefühl für andere Menschen.

Tab. 2.5 beschreibt die einzelnen Dimensionen und Kriterien, die dem Big-5-Schema (Borkenau und Ostendorf 2008) entlehnt sind.

Ihre Persönlichkeit bestimmt, wie leicht Ihnen eine bestimmte Aufgabe fällt oder wie gern Sie etwas tun. Sie hat also einen großen Einfluss darauf, wie Sie sich in bestimmten Situationen fühlen und verhalten. Ob Sie laut werden, wenn Sie unter Zeitdruck stehen, ob Sie sich auf einer Party mit vielen Menschen wohlfühlen oder ob Sie gerne in Ruhe mit detaillierten Zahlenwerken arbeiten, ist Ausdruck Ihrer Persönlichkeit.

**Tab. 2.5** Persönlichkeit: Dimensionen und Kriterien im Erfolgstreiber-Kompetenzprofil

| Emotionale Stabilität | Extraversion | Offenheit für Erfahrung | Gewissenhaftigkeit | Verträglichkeit |
|---|---|---|---|---|
| *Beschreibt Ihre Gemütsverfassung und Ausgeglichenheit sowie Ihre Fähigkeit, emotionale Reaktionen zu kontrollieren* | *Beschreibt Ihr zwischenmenschliches Verhalten hinsichtlich Ihrer Kontaktstärke und Geselligkeit* | *Beschreibt Ihr Interesse an neuen Erfahrungen, Erlebnissen und Eindrücken, und wie hoch Ihre Bereitschaft ist, sich damit auseinanderzusetzen* | *Beschreibt, wie ausgeprägt Ihre Selbstkontrolle, Genauigkeit, Ihr Perfektionismus und Ihre Zielstrebigkeit ist* | *Beschreibt wie ausgeprägt Ihr Altruismus ist, also Ihr Verständnis, Wohlwollen und Mitgefühl für andere Menschen* |
| • Wie rasch überwinden Sie Misserfolge und Niederlagen?<br>• Wie verhalten Sie sich in Stresssituationen und unter Druck?<br>• Wie leicht sind Sie reizbar?<br>• Sind Sie grundsätzlich mit sich im Reinen und zufrieden?<br>• Wie bewerten Sie Ihr Selbstbewusstsein und Ihre Selbstsicherheit? | • Wie leicht sind Sie zu begeistern?<br>• Besitzen Sie Tatendrang und Abenteuerlust? Wie stark ist beides bei Ihnen vorhanden?<br>• Wie ist Ihre Einstellung gegenüber Ihrer Umwelt und anderen Menschen?<br>• Gehen Sie gern auf andere Menschen zu? | • Verfügen Sie über ein breites Spektrum an Interessen?<br>• Sind Sie kreativ?<br>• Haben Sie stetes Interesse an Abwechslung?<br>• Sind Sie experimentierfreudig?<br>• Sind Sie interessiert an Kunst, Kultur und Literatur? | • Wie sorgfältig und gründlich sind Sie?<br>• Sind Sie konsequent in der Organisation und Umsetzung Ihrer Pläne?<br>• Wie stark setzen Sie in Ihrer Arbeit auf Qualität?<br>• Wie zuverlässig sind Sie?<br>• Wie stark ist Ihre Selbstdisziplin? | • Wie gutmütig und nachgiebig sind Sie?<br>• Wie leicht fällt es Ihnen, anderen Menschen zu vertrauen?<br>• Besitzen Sie ein positives Menschenbild?<br>• Bemühen Sie sich häufig, andere zu unterstützen?<br>• Wie wichtig ist es Ihnen, Ihren Willen durchzusetzen?<br>• Können Sie Konflikte ertragen? |

Für das Verhältnis zu Ihren Mitarbeitern bedeutet das: Ihre Persönlichkeit und die Ihrer Mitarbeiter bestimmen, wie gut Sie miteinander auskommen. Konflikte sind da vorprogrammiert, wo unterschiedliche Ausprägungen von Persönlichkeitsmerkmalen aufeinandertreffen.

Sind Sie häufig unzufrieden mit Ihren Mitarbeitern, weil Sie in Ihren Augen zu viele Fehler machen? Kennen Sie das Gefühl, dass keiner Ihrer Mitarbeiter Ihren Ansprüchen genügt? Dann sind Sie vielleicht besonders gewissenhaft, und Ihre Mitarbeiter dagegen nehmen es gern einmal etwas lockerer mit der Genauigkeit.

Die Frage, wie Sie in diesen Fällen Ihr Kritikgespräch gestalten, das Ihre Beziehung (und damit das Vertrauen zueinander) belastet, ist von den Anforderungen der Aufgabe abhängig. Wenn Sie in der Buchhaltung arbeiten, in der Gewissenhaftigkeit besonders wichtig und eine geringe Fehlertoleranz unerlässlich sind, dann sind deutliche Worte der Kritik besonders angebracht (siehe auch Abschn. 3.8).

Kann Ihr Mitarbeiter den Fehler schnell korrigieren und hängt davon nicht das Wohl und Wehe Ihres Unternehmens ab, sollten Sie Ihre Worte gut abwägen. Dass Sie den Fehler ansprechen müssen, steht außer Frage. Das ist Ihre Aufgabe als Führungskraft. Die Frage ist nur: Wie? Achten Sie in Fällen, in denen ein Fehler objektiv betrachtet nicht schwerwiegend war, darauf, dass Sie mir Ihrer Kritik das Vertrauensverhältnis zu Ihrem Mitarbeiter nicht schwächen und ihn nicht mit einer überzogenen Wortwahl demotivieren.

Das Beispiel (vgl. Abb. 2.10) zeigt bei detaillierter Betrachtung folgendes Ergebnis: Die Führungskraft (10) hat eine enorm hohe ausgeprägte **emotionale Stabilität** (10), beim Mitarbeiter ist sie mittelmäßig ausgeprägt (6). In Stress- oder Krisensituationen könnte dies dazu führen, dass die Führungskraft sich immer noch sehr ruhig verhält, der Mitarbeiter aber schon einmal nervös wird. Dies muss keineswegs die Beziehung zwischen Führungskraft und Mitarbeiter belasten. Vielleicht wünscht sich der Mitarbeiter aber, dass sein Chef, den nichts aus der Ruhe zu bringen scheint, auch einmal stärker seinen Gefühlen nachgibt. Motto: „Hauen Sie ruhig mal auf den Tisch!"

**Extraversion,** also Kontaktstärke, hat für einen Mitarbeiter im Vertrieb natürlich eine andere Bedeutung als für einen Buchhalter. Der Führungskraft im Beispiel fällt es anscheinend recht leicht, auf andere Menschen zuzugehen und Kontakte zu knüpfen (7). Bei ihrem Mitarbeiter sieht das anders aus (3). Er empfindet es als anstrengend, fremde Menschen anzusprechen. Gehört aber genau das zu seinem Aufgabenspektrum, weil er zum Beispiel Vertriebsmitarbeiter ist, hat er ein großes Problem, was seinen Job und seine Führungskraft betrifft.

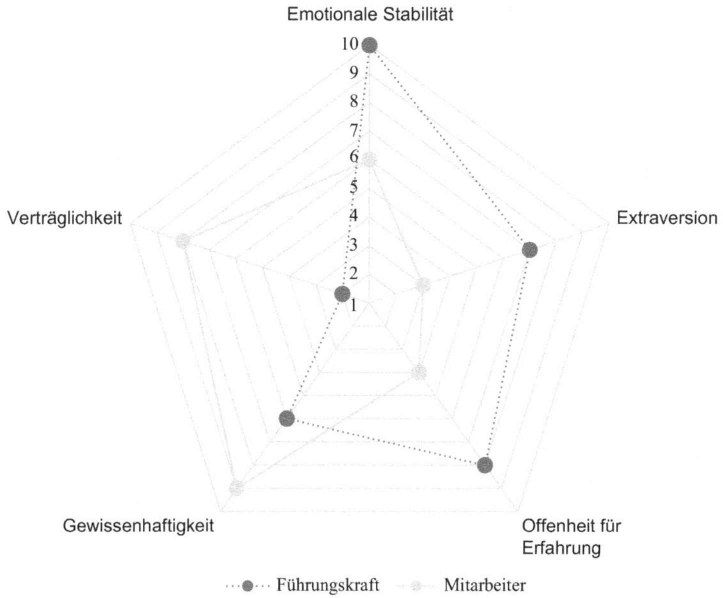


**Abb. 2.10** Persönlichkeit: Vergleich Führungskraft/Mitarbeiter

Diese ist unzufrieden mit seiner Kontaktquote, wenn er sich nicht jeden Tag zusammenreißt und über seinen Schatten springt. Diese dauerhafte Anstrengung kann jedoch dazu führen, dass der Widerstand des Mitarbeiters gegen seinen Job kontinuierlich wächst.

Dasselbe gilt für die **Offenheit für neue Erfahrungen.** Die Führungskraft lechzt regelrecht nach neuen Impulsen und Ideen (8), für sie ist stetige Veränderung ein Antrieb und wichtig für die eigene berufliche und persönliche Entwicklung. Ihr Mitarbeiter fühlt sich dagegen wohl mit dem Bewährten. Neue Ideen und Veränderungen sind für ihn mit Anstrengungen verbunden, auf die er sich ungern einlässt. So kann es kommen, dass sich Führungskraft und Mitarbeiter auf Dauer gegenseitig als anstrengend wahrnehmen. Die Führungskraft empfindet den Mitarbeiter als Hemmnis für die Entwicklung des Teams oder der Abteilung, der Mitarbeiter die Führungskraft als ständigen Unruheherd, der die eigentliche Arbeit durch immer neue Aufgaben behindert.

Bei der **Gewissenhaftigkeit** lässt unsere Führungskraft hingegen auch einmal Fünfe gerade sein (6) und weiß, dass sie nach dem Pareto-Prinzip mit überschaubarem Arbeitseinsatz (20 %) ein ordentliches Ergebnis (80 %) erzielt. In der Regel reicht ihr das auch. Der Mitarbeiter jedoch kontrolliert in seiner Gewissenhaftigkeit jeden Arbeitsschritt lieber dreimal auf potenzielle Fehler (9). Dies wiederum führt dazu, dass er selten im besprochenen Zeitraum mit seiner Arbeit fertig wird. Konflikte mit seinem Chef sind nur eine Frage der Zeit.

Auch die **Verträglichkeit** ist ein wichtiger Faktor bei der Frage, ob jemand Vertrauen zu anderen Menschen aufbauen kann oder nicht. Das Beispiel zeigt eine Führungskraft, die anscheinend kaum in der Lage ist, das Positive in anderen Menschen zu sehen, andere Meinungen zu akzeptieren oder seinen Platz in einem Team zu finden (1). Sie ist nicht in der Lage, durch Vertrauen zu führen. Dem Mitarbeiter hingegen ist eine gute Stimmung im Team jedoch wichtig (8), zum Teil so sehr, dass er sich häufig zurücknimmt und der Meinung anderer anschließt. Er benötigt das Vertrauen anderer, um sich wohlzufühlen und produktiv zu sein. Aber dieses Vertrauen bekommt er nicht von seiner Führungskraft.

**Fragen Sie sich selbst, welche Konsequenzen es hat, wenn …**

- eine Führungskraft emotional sehr stabil ist, während ihr Mitarbeiter in dieser Hinsicht eher schwankt?
- eine Führungskraft sehr kontaktstark ist, ihr Mitarbeiter aber eher introvertiert ist?
- eine Führungskraft sehr offen für neue Erfahrungen ist, ihr Mitarbeiter sich dem aber eher verschließt?
- eine Führungskraft sehr gewissenhaft ist, ihr Mitarbeiter aber schon einmal Fünfe gerade sein lässt?
- eine Führungskraft nicht gerade sehr verträglich ist, ihr Mitarbeiter aber Wert auf einen freundlichen Umgang miteinander legt?

Welche Situationen haben Sie selbst als Mitarbeiter erlebt, die wegen verschiedener Persönlichkeitsmerkmale bzw. ihrer Ausprägungen das Vertrauen zwischen Ihnen und Ihrer Führungskraft geschädigt haben?

Damit Sie eine sichere Basis für Ihre Mitarbeiter sein können, müssen Sie sich bewusst sein, welche Ihrer Persönlichkeitsmerkmale besonders ausgeprägt sind – und bei welchen Persönlichkeitsmerkmalen Ihrer Mitarbeiter dies der Fall ist.

Sie als Führungskraft haben eine Vielzahl von Gelegenheiten, Ihre Fach- und Methodenkompetenz zu beweisen sowie Ihre Haltung und Persönlichkeit zu zeigen und sich Ihren Mitarbeitern als vertrauenswürdige, sichere Basis darzustellen. Im Erfolgstreiber-Kompetenzprofil sind dafür 20 Kategorien in den Dimensionen Fachwissen, Methodenkompetenz, Haltung und Persönlichkeit definiert.

Im Anhang dieses Buches finden Sie Vorlagen für das Erfolgstreiber-Kompetenzprofil, mit denen Sie eine Bewertung für sich und Ihre Mitarbeiter durchführen können.

## 2.2 Weitere Einflussfaktoren für den Aufbau von Vertrauen

### 2.2.1 Der Einfluss des Unternehmens auf das Vertrauen der Mitarbeiter zu ihren Führungskräften

> Sie sang das alte Entsagungslied,
> Das Eiapopeia vom Himmel,
> Womit man einlullt, wenn es greint,
> Das Volk, den großen Lümmel.
>
> Ich kenne die Weise, ich kenne den Text,
> Ich kenn auch die Herren Verfasser;
> Ich weiß, sie tranken heimlich Wein
> Und predigten öffentlich Wasser.
> Heinrich Heine, Ein Wintermärchen (1844)

Externe Faktoren, zum Beispiel Kunden, Anteilseigner, Medien, die Öffentlichkeit, haben in der Regel einen sehr starken Einfluss auf Ihr Handeln und Ihre Kommunikation als Führungskraft. Insbesondere Ihr Arbeitgeber wirkt darauf ein, inwieweit Sie als Führungskraft Vertrauen aufbauen können. Zwei Aspekte sind in diesem Kontext entscheidend: Das Verhalten und die Reputation des Unternehmens sowie sein Leitbild, seine Strategie und seine Ziele.

Im Buch „Building Corporate Reputation" (Fombrun und van Riel 2008) beschreiben die Autoren, wie der Ruf eines Unternehmens aufgebaut, aber auch zerstört werden kann. Teilweise finden sich die Begriffe Transparenz, Sichtbarkeit, Einzigartigkeit, Glaubwürdigkeit und Konsistenz auch in der Dimension „Haltung" des Erfolgstreiber-Kompetenzprofils. Für Sie als Führungskraft stellt sich also die Frage: Welchen Einfluss hat die Reputation und das Verhalten eines Unternehmens auf Sie? Und welchen Einfluss können Sie als Führungskraft auf den Ruf und das Verhalten Ihres Unternehmens ausüben?

Wenn das Unternehmen etwas verspricht, was die Führungskraft nicht halten kann, dann ist das schädlich für das Vertrauen im Spannungsfeld Unternehmen – Führungskraft – Mitarbeiter. Welche Konsequenzen hat es, wenn zwischen dem Auftreten des gesamten Unternehmens und dem Verhalten seiner Führungskräfte eine Diskrepanz besteht (vgl. Abb. 2.11)?

**1. Transparenz und Sichtbarkeit**

Viele Unternehmen haben sich Transparenz hinsichtlich Informationen und ihrer Weitergabe auf die Fahnen geschrieben. Vielen Führungskräften ist Transparenz jedoch nicht wichtig. Manchen verursacht es zu viel Aufwand, die eigenen Mitarbeiter zu informieren, sie gehen mit der Bereitstellung notwendiger Informationen eher fahrlässig um. Diese Führungskräfte sorgen dafür, dass ihre Mitarbeiter nicht wissen, in welche Richtung ihr Unternehmen steuert und wo die Prioritäten liegen.

Natürlich gibt es auch die andere Seite: Führungskräfte wollen ihre Mitarbeiter gern mit Informationen versorgen, hängen aber selbst am Tropf und können deshalb ihren Teams keine Orientierung geben.

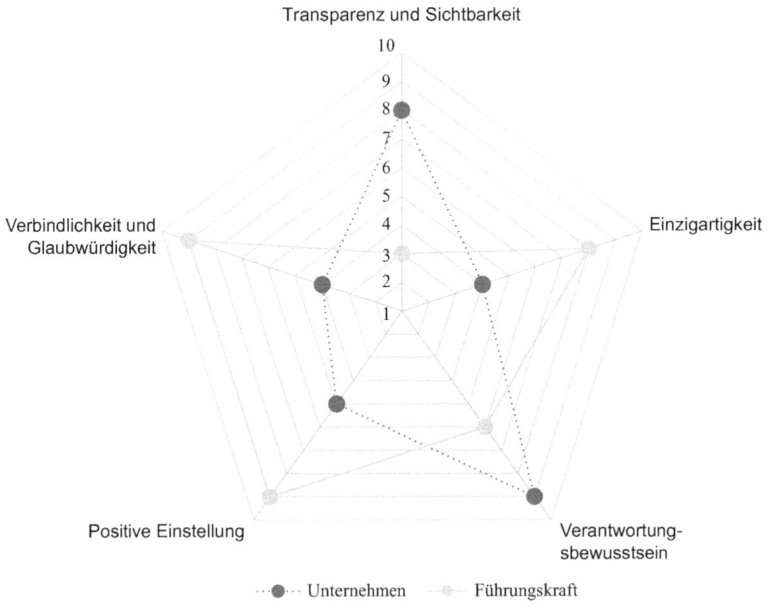


**Abb. 2.11** Haltung des Unternehmens im Vergleich zur Führungskraft

In vielen Organisationen gibt es ausreichend Gelegenheiten, bei denen Mitarbeiter ihr Unternehmen und seine Kultur deutlich und positiv wahrnehmen: Firmenfeste, Kundenveranstaltungen, Betriebsausflüge etc. Solche Unternehmen senden eine Botschaft aus, die ihre Beschäftigten verstehen: Du bist nicht allein, sondern Teil eines großen Ganzen. Was passiert jedoch, wenn sich eine Führungskraft der Bedeutung dieser Botschaft nicht bewusst ist? Wenn sie lieber im Büro sitzt, statt mit ihrer Abteilung den Geburtstag eines Kollegen in der Kaffeeküche zu feiern? Oder wenn sie Firmenveranstaltungen fernbleibt? Diese Führungskraft entfremdet sich von ihren Mitarbeitern und es fällt ihr deutlich schwerer, Vertrauen aufzubauen und zu bewahren.

**2. Einzigartigkeit**

Stellen Sie sich ein Unternehmen vor, dass in seiner Außenwirkung nur wenige Merkmale besitzt, die es (deutlich) vom Wettbewerb unterscheidet. Der Geschäftsführer hingegen ist eine echte Marke und besitzt persönliche Alleinstellungsmerkmale. Dafür schätzen ihn die Kunden des Unternehmens und schenken ihm trotz austauschbarer Produkte und Leistungen immer wieder ihr Vertrauen, statt zum Wettbewerb zu wechseln. So macht er das fehlende Profil des Unternehmens wieder wett. Welche Folgen hat es, wenn dieser Geschäftsführer das Unternehmen verlässt?

Präsentiert sich dagegen das Unternehmen als einzigartig, hat aber einen blassen Vorstandsvorsitzenden, kann das ebenso die Wahrnehmung des Unternehmens bei Investoren, Kunden, Lieferanten und der Öffentlichkeit beeinträchtigen. Denken Sie an Apple und seinen Gründer und langjährigen CEO Steve Jobs. Das Unternehmen und sein Chef waren auf ihre Weise einzigartig und sind eine unschlagbare Symbiose eingegangen. Kritiker behaupten, dass mit der Übernahme der Unternehmensleitung durch den blassen Tim Cook die Marke Apple und ihre Produkte an Strahlkraft verloren haben.

**3. Verantwortungsbewusstsein**

Führungskräfte, die Verantwortung für ihr Team übernehmen, werden von ihren Mitarbeitern geschätzt. Gleiches gilt auf einer höheren Ebene für Unternehmen. Stakeholder und Mitarbeiter vertrauen eher Unternehmen, die Haltung zeigen und Verantwortung übernehmen. Verantwortung können Unternehmen gegenüber der Umwelt, gegenüber Kunden oder Lieferanten übernehmen, aber natürlich auch gegenüber den eigenen Mitarbeitern. Wie gehen Unternehmen damit um, dass einzelne seiner Mitarbeiter (unbeabsichtigte, nicht mutwillige oder grob fahrlässige) Fehler unterlaufen, die Auswirkungen auf die öffentliche Wahrnehmung des Unternehmens haben? Nimmt es seine Mitarbeiter in Schutz und übernimmt es Verantwortung für die Fehler seiner Mitarbeiter? Oder stellt es sie öffentlich an den Pranger? Unternehmen, die keinerlei oder kaum Verantwortungsbewusstsein beweisen, bieten ihren Führungskräften und Mitarbeitern keinen Halt, keine sichere Basis. Dies kann sich wiederum negativ auf die Bereitschaft jedes einzelnen Beschäftigten auswirken, selbst Verantwortung zu übernehmen: „Warum soll ich den Kopf hinhalten, wenn mir mein Arbeitgeber in den Rücken fällt?"

**4. Positive Einstellung**

Nicht nur Menschen, auch Unternehmen können eine positive Einstellung haben. Wie in der Beziehung zwischen Menschen, wirkt sich die Einstellung einer Organisation zu einem bestimmten Thema oder zu seinem Umfeld auf das Verhalten der Organisation selbst aus. Ist das Unternehmen innovativ, bringt regelmäßig neue Produkte heraus und entwickelt neue Geschäftsfelder? Dann hat es eine positive Einstellung gegenüber Veränderungen und neuen Aufgaben.

Vielen Unternehmen fehlt diese positive Einstellung gegenüber Veränderungen, weil sie viel zu verlieren haben und/oder ihre lieb gewonnenen, lange erfolgreichen Geschäftsmodelle unter Druck geraten. Solche Unternehmen, ihre Führungskräfte und ihre Mitarbeiter entwickeln im Lauf der Zeit eine reaktive Haltung. Motto: erst mal abwarten. Wenn dann aber tatsächlich eine Reaktion zum Beispiel auf veränderte Marktbedingungen notwendig ist, prägen Zweifel, Sorgen und Angst die Haltung und die Entscheidungen dieser Unternehmen und seiner Akteure. Führungskräfte und Mitarbeiter, die in solchen Organisationen mit einer positiven Einstellung beginnen, aufgeschlossen gegenüber Neuem sind und Veränderungen proaktiv gestalten wollen, werden sehr schnell ausgebremst, wenn es wieder und wieder heißt: „Damit kannibalisieren wir unser bestehendes Geschäft." Oder der Klassiker: „Das hat bei uns noch nie funktioniert."

**5. Verbindlichkeit und Glaubwürdigkeit**

Angenommen, ein Unternehmen verspricht in seiner Imagebroschüre, dass es seine Verantwortung für die Umwelt erkannt hat und etwas für den Umweltschutz tut. Schön. Aber: Die Führungskräfte der oberen Managementebene fahren Dienstwagen der Luxusklasse und SUVs mit starker Motorisierung und entsprechendem Kraftstoffverbrauch. Genau: Das passt überhaupt nicht zusammen. Mal abgesehen davon, dass die Glaubwürdigkeit des Unternehmens in der Öffentlichkeit angesichts dieser Diskrepanz zwischen Wort und Tat Schaden nimmt, stellen sich auch seine Mitarbeiter die Frage, ob sie ihren Führungskräften glauben können. Denn hält die Unternehmensleitung, was sie verspricht, folgen ihr die Mitarbeiter auch in Krisenzeiten und stehen beisammen. Hat die Unternehmensleitung jedoch wiederholt Versprechen gebrochen, dann hat das für die Stabilität des gesamten Unternehmens fatale Folgen: Die Mitarbeiter glauben ihren Führungskräften nicht mehr. Sie stellen die Strategie und die Entscheidungen der Unternehmensführung infrage. Letztlich besteht die Gefahr, dass die Mitarbeiter demotiviert sind und/oder (innerlich) kündigen. Die Produktivität sinkt, weil die verbleibenden Mitarbeiter Dienst nach Vorschrift machen, andere Mitarbeiter mit viel Potenzial verlassen das Unternehmen – und noch schlimmer – wechseln zum Wettbewerb und nehmen ihr Wissen dorthin mit.

**Fragen Sie sich selbst:**

- Welche Beispiele aus Ihrem Berufsleben fallen Ihnen zu Transparenz, Sichtbarkeit, Einzigartigkeit, Konsistenz und Glaubwürdigkeit ein?
- Wann haben sich Ihre Mitarbeiter schon einmal bei Ihnen beschwert, dass Informationen zu spät oder zu wenig ausführlich weitergegeben wurden?
- Existiert in Ihrem Unternehmen eine Zwei-Klassen-Gesellschaft, zum Beispiel hinsichtlich der Informationspolitik und/oder der Privilegien der Unternehmensleitung?

Ihre Kommunikation als Führungskraft wird selbstverständlich auch vom Leitbild, der Strategie und den Zielen Ihres Unternehmens geprägt, also den Vorgaben, die Sie von der Unternehmensführung erhalten.

Beispiel: In Krisenzeiten ist es eines der offiziellen Unternehmensziele, bis zum Ende des laufenden Jahres 20 % der Personalkosten zu reduzieren. Effekt: Die Belegschaft ist sehr verunsichert, was die Sicherheit ihrer Arbeitsplätze betrifft. Auch eine sehr gute Führungskraft kann ihren Mitarbeitern in dieser Situation keine Sicherheit bieten, denn die Entscheidung, die Personalkosten derart massiv zu senken, übersteigt ihren Einflussbereich. In „normalen“ Zeiten also kann eine Führungskraft eine sichere Basis für ihre Mitarbeiter sein, nicht aber in Krisenzeiten.

Beispiel: Die Finanzziele, zum Beispiel das Umsatzziel, sind unangemessen ambitioniert, weil die Unternehmensleitung in einem schrumpfenden Markt steigende Umsätze erwartet. Effekt: Diese unrealistischen Ziele setzen die Mitarbeiter enorm unter Druck. Die Beziehung zwischen Führungskraft und ihren Mitarbeitern wird beschädigt, weil die Führungskraft gegenüber den Vorgaben der Unternehmensleitung machtlos ist.

Ein von Vertrauen geprägtes Verhältnis, das Bindung und Sicherheit verspricht, ist unter solchen Umständen schwer zu entwickeln bzw. zu halten.

Wer sich einmal dafür entschieden hat und die Möglichkeit hat, Führungskraft zu werden, der muss aus voller Überzeugung das Unternehmen vertreten, vor allen Dingen in Richtung seiner Mitarbeiter. Wer Führungskraft ist – mit allen Konsequenzen – sollte nicht mit der viel beklagten Sandwich-Situation des mittleren Managements hadern.

Das heißt aber nicht, dass Sie als Führungskraft nur stiller Befehlsempfänger sind. Im vertraulichen Gespräch mit den Eigentümern, dem Vorstand oder der Geschäftsführung sollten Kritik oder Verbesserungsvorschläge erlaubt sein.

**Fragen Sie sich selbst:**

- Wie verhält sich Ihr Unternehmen in Bezug auf Transparenz, Sichtbarkeit, Einzigartigkeit, Konsistenz und Glaubwürdigkeit?
- Wie verhalten Sie sich als Führungskraft Ihres Unternehmens bei diesen Themen?

Ihr Arbeitgeber hat einen erheblichen Einfluss darauf, ob Ihre Mitarbeiter zu Ihnen Vertrauen fassen und ob Sie dieses Vertrauen bestätigen und erhalten können. Seien Sie sich dieses Einflusses bewusst. Steuern Sie das Verhalten, das Leitbild und die Ziele des Unternehmens so, dass Sie den Aufbau von Vertrauen Ihrer Mitarbeiter in Sie als Führungskraft stärken und nicht zerstören.

**Nicht nur die inneren Werte zählen!**

Transparenz und Sichtbarkeit, Einzigartigkeit, Verantwortungsbewusstsein, eine positive Einstellung, Verbindlichkeit und Glaubwürdigkeit sind zweifellos langfristig entscheidende Eigenschaften, die Führungskräfte mitbringen müssen, um dauerhaft eine vertrauensvolle Beziehung zu ihren Mitarbeitern aufbauen und aufrechterhalten zu können.

Aber Hand aufs Herz: Spielen nicht auch die sogenannten Äußerlichkeiten eine wichtige Rolle bei der Frage, ob Sie als Führungskraft akzeptiert werden?

Studien haben längst bewiesen, dass als attraktiv empfundene Menschen sich auch im Geschäftsleben leichter tun: dass sie schneller Kontakte knüpfen können, dass sie eher beachtet und mit Erfolg assoziiert werden als Personen, die äußerlich als Durchschnittstypen und graue Mäuse gelten.

Das bedeutet selbstverständlich nicht, dass Attraktivität – oder vielmehr das, was subjektiv als attraktiv empfunden wird – als alleiniger Erfolgsfaktor für Vertrauen durch und in der Führung verantwortlich ist. Vielmehr ist es das Zusammenspiel von dem, was Sie sagen und wie Sie es sagen, verbal und nonverbal.

Alle Faktoren zusammen – Ihre Worte, Ihre Stimme, Ihre Körpersprache, Ihr Aussehen, Ihre Kleidung, ja sogar Ihre Hormone – ergeben das, was wir gemeinhin als Ausstrahlung bezeichnen. Und eine positive Ausstrahlung erzeugt Vertrauen!

### 2.2.2 Hormone und Vertrauen

Wissenschaftler, die die Wirkung von Hormonen auf unser Verhalten untersucht haben, kommen zu dem Ergebnis, dass das Hormon Oxytocin und die Rezeptoren für dieses Hormon einen starken Einfluss darauf haben, ob wir Vertrauen zu anderen Menschen aufbauen können oder nicht.

Bei einem Experiment an der Universität Zürich wurde bei Probanden, die bei einem Investorenspiel Geld verdienen konnten, der Oxytocin-Spiegel über ein Nasenspray erhöht. Gleichzeitig gab es Probanden, die ein Placeboprodukt verabreicht bekamen (Baumgartner et al. 2008; Baumgartner 2012; Kosfeld et al. 2005; Egloff und Gassmann 2011; Nickel 2006).

Es zeigte sich, dass die Personen mit einem erhöhten Oxytocin-Spiegel mehr Vertrauen zu ihren Spielpartnern hatten als die Probanden in der Vergleichsgruppe mit dem Placeboprodukt – auch nachdem sie erfuhren, dass sie ihre Investitionen nicht zurückerhalten würden. Sie konnten also verloren gegangenes Vertrauen schneller wieder aufbauen oder beibehalten.

### 2.2.3 Attraktivität und Vertrauen

Natürlich spielt auch Attraktivität, also Aussehen und damit die Anziehungskraft auf andere Menschen eine Rolle beim Aufbau von Vertrauen. Folgende Aspekte sind dabei relevant (Naumann 2015; Sierminska 2015; Kraus und Mendes 2014):

- Haut: eine glatte, reine Haut ist ein Zeichen für Vitalität.
- Proportionen: Bei Männern deutet ein Verhältnis von Taillen- zu Hüftumfang zwischen 0,9 und 1,0 auf einen hohen Testosteronspiegel, sexuelle Potenz und körperliche Stärke hin. Bei Frauen liegt der Idealwert bei 0,7 und signalisiert Fruchtbarkeit.
- Körpergröße: Studien belegen, dass Männer, die größer als 1,82 m sind, knapp sechs Prozent mehr Gehalt erhalten als kleinere Kollegen.
- Beinlänge: Überdurchschnittliche lange Beine lassen Frauen attraktiver wirken, und zwar unabhängig von der Körpergröße. Das Optimum liegt bei zehn

Prozent über Normalmaß. Zu lange Beine allerdings wirken dagegen schon wieder stelzig.

- Kindchenschema: Frauen macht die Kombination aus Reifekennzeichen (hohe, konkave Wangen) sowie infantilen Signalen (großer Kopf, gewölbte Stirn, große runde Augen, Stupsnase, kleines Kinn) attraktiv. Frauen wie Brigitte Bardot lösen unbewusst einen Aufmerksamkeits- und Fürsorgereflex bei Männern aus.
- Durchschnittlichkeit: Je gewöhnlicher das Gesicht, desto attraktiver finden wir es. Der Cheerleader-Effekt besagt, dass Cheerleader als Gruppe deutlich attraktiver bewertet werden als jede von ihnen einzeln betrachtet. Wegen unserer eingeschränkten Wahrnehmung ordnen wir einzelne Personen innerhalb einer Gruppe eher dem Durchschnitt zu, wenn wir die gesamte Gruppe kurz „scannen". Nehmen wir uns dagegen mehr Zeit, um diese einzelnen Personen genauer zu betrachten, kommen wir zu differenzierteren Urteilen, was ihr jeweiliges Aussehen betrifft.
- Symmetrie: Insbesondere ein symmetrisch wirkendes Gesicht – wenn also die einzelnen Gesichtspartien rechts und links wie gespiegelt aussehen – sorgt für höhere Sympathiewerte beim Betrachter.
- Gesichtsfarbe: Studien belegen, dass Gesichter mit leichtem Gelbstich deutlich den eher weißlichen oder gräulichen bevorzugt werden.

**Fragen Sie sich selbst:**

- Haben Sie schon Menschen kennengelernt, zu denen Sie sich besonders hingezogen fühlten?
- Gab es andererseits Menschen in Ihrem (Berufs-)Leben, zu denen Sie kein Vertrauen fassen konnten, obwohl Sie ihre rationalen Argumente sehr überzeugend fanden?
- Inwiefern hat bei diesen beiden Typen die Attraktivität hinsichtlich ihres Aussehens eine Rolle gespielt?

Aussehen und Anziehungskraft auf andere Menschen sind nicht zu unterschätzende Faktoren, wenn es um den Aufbau von Vertrauen geht, und wir können kaum etwas daran ändern. Wichtig ist, dass Sie sich dessen bewusst sind!

### 2.2.4 Kleider machen Leute … klüger

Ob wir Sympathie für einen anderen Menschen empfinden, hängt zu einem großen Anteil von den Gemeinsamkeiten ab, die wir entdecken. Dementsprechend einfach und gleichermaßen wichtig ist es, auf die eigene Kleidung zu achten. Das bestätigen auch verschiedene wissenschaftliche Studien.

Forscher in Kalifornien haben außerdem herausgefunden, dass das Tragen von formeller Business-Kleidung das abstrakte Denkvermögen stärkt. Die Teilnehmer der Studie, die formelle Kleidung trugen, beschäftigten sich in Interviews mehr mit der Gesamtlage und verzettelten sich weniger in Detailfragen. Sie dachten eher abstrakt und weniger konkret, nahmen eher die Vogel- als die Froschperspektive ein. Die Fähigkeit zu abstraktem Denken gilt als Schlüsselkompetenz erfolgreicher Manager (Slepian et al. 2015; US-Studie 2015; Bayer und Schüller 2015).

Formelle Kleidung wirkt sich auch auf unser Selbstbild aus. Wir fühlen uns in formeller Kleidung mächtiger, und das verändert unsere Sicht auf unsere Umgebung. Und so ergab die Studie auch, dass Kritik an Männern in Anzügen besonders gut abperlt (Braatz 2016; Hoffmann 2011; Oberwittler 2016; Schiffmann 2016).

In einer anderen Studie aus dem Jahr 2012 kamen Forscher zu ähnlichen Ergebnissen, was die Wirkung von Kleidung auf ihre Träger betrifft. Die Forscher konnten nachweisen, dass Probanden mit einem weißen Kittel, der allgemein mit dem eines Arztes assoziiert wird, aufmerksamer waren (Adam und Galinsky 2012; Rettig 2012).

Bezüglich eines angemessenen Kleidungsstils sollten Sie ein paar einfache Regeln und Tipps befolgen:

- **Branche:** In welcher Branche sind Sie tätig? Ob Sie zum Beispiel in der Kreativbranche arbeiten, in der eher ein legerer Kleidungsstil vorherrscht, oder im Bankensektor, in der der Dresscode konservativ geprägt ist, macht eben einen enormen Unterschied.
- **Unternehmen:** Auch innerhalb einer Branche kann es zwischen verschiedenen Unternehmen deutliche Abweichungen geben. Es ist gar nicht so lange her, dass die (vermeintlich) wichtigen Manager eines großen deutschen Verlages an Nadelstreifenanzügen mit Krawatte und zurück gegeltem Haar zu erkennen waren, obwohl in der Medienbranche ein überwiegend lockerer Kleidungsstil üblich ist.
- **Gesprächspartner:** Wenn Sie Ihre Gesprächspartner und deren Dresscode kennen, können Sie sich diesem entsprechend anpassen. Sollten Sie Ihren Gesprächspartner nicht kennen, setzen Sie auf Nummer sicher und kleiden Sie sich ein Tick formeller als Sie es sonst tun.

- **Einladungen:** Ziehen Sie sich dem Anlass entsprechend an. Sind Sie unsicher, dann fragen Sie vorher nach, welche Kleidung für den Anlass angemessen ist.
- **Führungsfunktion:** Kleiden Sie sich so, wie die Führungskräfte auf der Hierarchieebene über Ihnen üblicherweise auftreten, denn so signalisieren Sie Selbstbewusstsein.
- **Individualität:** Wählen Sie Kleidung, die zum einen die genannten Punkte berücksichtigt, zum anderen aber Ihre individuellen Vorzüge unterstreicht bzw. mögliche Nachteile kaschiert. So schaffen Sie eine gute Balance zwischen Persönlichkeit, Authentizität und Professionalität.

**Fragen Sie sich selbst:**

- Kennen Sie Situationen, in denen Sie sich selbst unangemessen gekleidet gefühlt haben?
- Haben Sie schon einmal erlebt, dass Sie bei anderen Menschen einen der Situation unangemessenen Kleidungsstil festgestellt haben?
- Wie fühlen Sie sich, wenn Sie (der Situation und Ihrem Typ entsprechend) passend gekleidet sind?
- Welche Wirkung erzielt Ihr eigener Kleidungsstil auf Ihr Denken und Verhalten?

Kleider machen Leute. Dieses Prinzip gilt insbesondere für Führungskräfte, die unter der Beobachtung ihrer Mitarbeiter stehen. Sie können die zuvor genannten Grundregeln und Tipps leicht umsetzen. Es geht dabei nicht unbedingt darum, immer das Beste und Teuerste zu tragen, sondern ihrem Typ und dem Anlass entsprechend gekleidet zu sein. Beobachten Sie, wie Ihr Kleidungsstil Ihr Denken und Verhalten beeinflusst.

## 2.3 Kommunikation und Vertrauen

Man kann nicht nicht kommunizieren.
Paul Watzlawick

Die Art und Weise, wie wir miteinander kommunizieren, beeinflusst in hohem Maße, ob und inwieweit wir Vertrauen zu anderen Menschen aufbauen – und natürlich umgekehrt, ob und inwieweit andere uns Vertrauen schenken.

Nachfolgend finden Sie ein paar Hinweise, wie Sie Kommunikation analysieren und Kommunikationswerkzeuge nutzen können. Diese Hinweise helfen

Ihnen zum einen dabei, Ihren Mitarbeitern Ihre Botschaften nahezubringen und zum anderen, Ihre Mitarbeiter besser zu verstehen. Über die bisher dargestellten Aspekte hinaus lassen sich vier Elemente in der Kommunikation bestimmen (vgl. Abb. 2.12):

1. **Zweck, Wirkung, Ergebnis und Zweck einer Frage**
   - Was will ich mit meiner Kommunikation erreichen?
2. **Inhalte der Botschaft und Quantität der Informationen**
   - Welchen Inhalt oder was kommuniziere ich?
3. **Wie viel kommuniziere ich? Wie viele Informationen gebe ich weiter?**
   - Kommunikationsart und -kanal: Womit und wie kommuniziere ich?
   - persönlich und direkt
   - schriftlich (mit einer Vielzahl von Spielarten)
   - telefonisch/per Video
   - Mimik und Gestik
   - Stimme, Tonfall und Sprechgeschwindigkeit
4. **Kommunikationspartner**
   - Sender
   - Empfänger

Alle Kommunikationsaspekte lassen sich in nur einer Frage zusammenfassen: Wer sagt was zu wem über welchen Kanal mit welcher Wirkung?

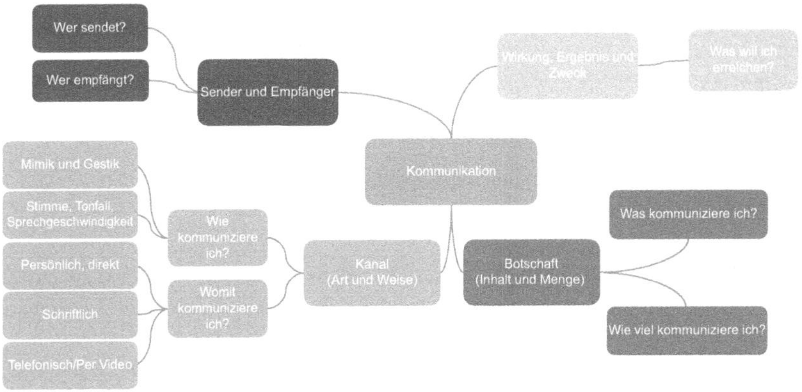


**Abb. 2.12** Elemente der Kommunikation

### 2.3.1 Wie uns der erste Eindruck beeinflusst

Innerhalb von rund 20 s finden wir heraus, ob wir einem fremden Menschen trauen können. Das ist das Ergebnis einer Studie der Universität von Berkeley (Anwar 2011). Das funktioniert sogar, wenn Sie einen Fremden 20 s lang lediglich dabei beobachten, wie er sich mit einer anderen Person unterhält. In der Studie wurde nur die Person gefilmt, die dem Fremden zuhörte. Nun wurden einer zweiten Gruppe die rund 20-sekündigen Videoclips vorgespielt. Danach sollten die Personen in dieser zweiten Gruppe bewerten, wer dabei vertrauenswürdig auf sie wirkte hinsichtlich der Körpersprache und Mimik der gefilmten Personen. Ergebnis: Vertrauenswürdige Personen scheinen häufiger zu nicken, zu lächeln, halten stärker Augenkontakt und besitzen eine offenere Körpersprache.

Die Auswertung ergab darüber hinaus, dass jene Personen, die von den Beobachtern als besonders empathisch eingestuft wurden, einen besonders starken Oxytocin-Rezeptor besaßen, das heißt, sie waren besonders empfänglich für dieses Hormon (vgl. Abschn. 2.2.2).

Wenn sich zwei Menschen das erste Mal begegnen, versuchen sie so schnell wie möglich, diese drei Fragen für sich zu beantworten:

- Ist das ein guter, warmherziger Mensch?
- Wie kompetent ist dieser Mensch?
- Kann er mir persönlich einmal von Nutzen sein?

Über Kommunikation Vertrauen aufbauen zu wollen, setzt also das Wissen voraus, welche Wirkung der erste Eindruck auf einen Gesprächspartner hat. Dabei geht es zunächst einmal nicht um die Inhalte, den wir dem anderen vermitteln wollen, sondern um viele andere Dinge – zum Beispiel den Duft!

Ob wir jemanden sprichwörtlich riechen können oder nicht, entscheidet unsere Nase. Die Düfte, die wir benutzen, sollten knapp unter der Wahrnehmungsschwelle liegen. Wir alle haben schon einmal erlebt, dass uns ein zu stark parfümierter Mensch unangenehm erschien – vom Schweißgeruch ganz zu schweigen.

**Händedruck**

Auch der Händedruck hat eine Wirkung. Wenn Ihnen ein Geschäftspartner, Kunde oder Kollege einen laschen, feuchten Händedruck anbietet, schließen Sie zumindest unbewusst daraus, dass Ihr Gesprächspartner weniger standhaft ist. Hat er hingegen einen festen Händedruck, empfinden Sie das als angenehm. Es gibt Menschen, insbesondere Männer, die ganz bewusst einen sehr festen

Händedruck einsetzen, um ihr Gegenüber zu prüfen: Was ist das für einer? Kann er mir standhalten?

**Blickkontakt**

Ein fester Händedruck geht idealerweise mit einem direkten Blickkontakt einher. Wenn Sie jemandem offen in die Augen schauen, zeigen Sie Interesse und Aufgeschlossenheit, und dadurch erscheinen Sie Ihrem Gegenüber sympathischer. Weichen Sie dagegen dem Blick Ihres Gesprächspartners aus, könnte der auf die Idee kommen, Sie hätten etwas zu verbergen.

**Stimme**

Ist Ihnen schon einmal aufgefallen, dass TV-Nachrichtensprecherinnen in der Regel tiefe Stimmen haben? Eine tiefe Stimme beruhigt und entspannt uns – das ist bei aufwühlenden Nachrichten, aber auch im Geschäftsleben, durchaus von Vorteil. Dabei hat jeder von uns seine eigene Stimmlage, die zu ihm passt. Menschen mit hohen Stimmen begegnen wir zumindest unbewusst skeptisch, vor allem dann, wenn die Stimme nicht zum sonstigen Auftreten des Gegenübers passt. Sollten Sie unsicher sein, wie Ihre Stimme wirkt, sollten Sie sich entsprechendes Feedback von Menschen aus Ihrem privaten und beruflichen Umfeld einholen. Fällt diese Rückmeldung eher negativ aus, empfiehlt es sich, speziell ausgebildete Sprech- und Stimmtrainer zurate zu ziehen.

Zurück zum Gesprächseinstieg: Bis zu diesem Moment der Begrüßung haben Sie bis auf ein „Guten Tag, Herr Meier“ noch nicht viel gesagt. Wenn Sie nun ins Gespräch einsteigen, achten Sie darauf, dass Sie langsam und betont sprechen. Sprechen Sie von Ihrem Thema mit Begeisterung und Überzeugung – so übertragen Sie Ihre Leidenschaft und Ihre Emotionen auf Ihren Gesprächspartner: Achten Sie darauf, grammatikalisch korrekt und dabei in Hochdeutsch zu sprechen. Sind Sie hingegen in einer bestimmten Region tätig und sprechen den entsprechenden Dialekt, dann kann das wiederum vorteilhafter sein, weil Sie Ihrem Gesprächspartner signalisieren: Ich bin von hier, uns verbindet die gemeinsame Heimat.

**Mimik und Gestik**

Gesicht und unser Körper sind Ausdruck unserer jeweils aktuellen Verfassung und unserer momentanen Emotionen, der Spiegel unserer Seele.

Die Erkenntnisse, die Sie aus der Beobachtung von Gesichtsausdruck und Körpersprache gewinnen, können sehr aufschlussreich sein. Emotionen anhand von Gestik und Mimik im privaten und beruflichen Umfeld zu deuten und anzusprechen, bedeutet nicht, dass Sie jede Handbewegung und jedes Zucken der

Augenlider interpretieren müssen und damit auch Ihre Mitmenschen nerven. Aber Sie lernen, die wichtigen von den unwichtigen Signalen zu unterscheiden.

Beispiel Stirnrunzeln: Sie führen ein Mitarbeitergespräch. Es ist sinnvoll, dass Sie das Stirnrunzeln Ihres Mitarbeiters nicht gleich als Skepsis interpretieren, sondern zunächst einmal nur wahrnehmen. Allein die Feststellung („Ich sehe, Sie runzeln die Stirn") reicht oft genug aus, dass er Ihnen den Grund dafür nennt. Bleibt eine Reaktion aus, können Sie immer noch nachfragen: „Wie kann ich das deuten?"

Denn oft genug stellt sich heraus, dass das Stirnrunzeln nicht der Ausdruck von Skepsis ist und Ihr Mitarbeiter antwortet: „Ich denke darüber nach, was Sie gesagt haben." Diese Steilvorlage können Sie gleich nutzen, um das entsprechende Thema zu vertiefen.

Natürlich kommt es vor, dass ein Stirnrunzeln Skepsis bedeuten kann, besonders, wenn es zusammen mit verschränkten Armen, zusammengekniffenen Augen auftritt. Dann wissen Sie, dass Sie die Einwände Ihres Mitarbeiters im weiteren Gesprächsverlauf bearbeiten müssen (Abschn. 4.9).

Selbstverständlich sollten Sie sich freuen, wenn Ihnen ein offenes und freundliches Lächeln begegnet und das auch zum Ausdruck bringen: „Schön, dass Sie lächeln."

Tab. 2.6 zeigt ein paar Beispiele für die Signale, die mit bestimmten Emotionen verbunden sind.

Meine Empfehlung, wenn Sie sich eingehender mit dem Thema Mimik beschäftigen möchten: Das Buch von Paul Ekman „Ich weiß, dass Du lügst" (Ekman 2011), das mit der TV-Serie „Lie to me" verfilmt wurde. Das Thema Körpersprache beschreibt der führende Experte Samy Molcho sehr anschaulich in seinen Büchern. Er zeigt uns, wie die aufmerksame Beachtung körpersprachlicher Signale unsere Kommunikation erheblich verbessert (Molcho 2002, 2005).

Werden Sie zum Fachmann für Mimik und Gestik. Achten Sie in der Kommunikation auf Ihre Emotionen und auf die Ihrer Mitarbeiter. Sie werden sehen, welche spannenden Erkenntnisse Ihnen diese Beobachtungen einbringen. Zudem wird sich die Kommunikation mit Ihren Mitarbeitern (und selbstverständlich auch mit anderen Gesprächspartnern) deutlich verbessern (Sentürk 2012).

**Fragen Sie sich selbst**

- Welche Situationen haben Sie schon einmal selbst erlebt, in denen Duft, Händedruck, Stimme, Blickkontakt, Mimik und Gestik dazu geführt haben, dass Sie jemandem vertraut haben?
- Welche Situationen kennen Sie, in denen Sie aufgrund des Kommunikationsverhaltens Ihres Gesprächspartners misstrauisch wurden?

**Tab. 2.6** Emotionen und beispielhafte Signale

| Emotionen | Beispielhafte Signale | Beispielfoto |
|---|---|---|
| Freude | • Lächeln<br>• Begeisterte Gesten<br>• Leuchtende Augen<br>• Ausdruck der Dankbarkeit |  |
| Überraschung | • Offener Mund<br>• Hängender Unterkiefer<br>• Erhobene Augenbrauen<br>• Weit geöffnete Augen<br>• Hände zum Gesicht erhoben |  |
| Angst | • Verkniffene Körperhaltung<br>• Schützend erhobene Hände<br>• Zittern<br>• Zurückschrecken<br>• Weit geöffnete Augen<br>• Ziellose Erregung<br>• Blasses Gesicht | 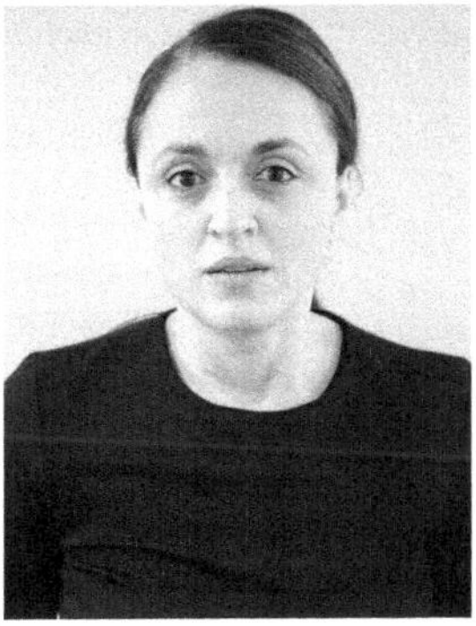 |

(Fortsetzung)

**Tab. 2.6** (Fortsetzung)

| Emotionen | Beispielhafte Signale | Beispielfoto |
|---|---|---|
| Skepsis, Zurückhaltung | • Zusammengekniffene Augen<br>• Stirnrunzeln<br>• Zusammengepresste Lippen<br>• Verschränkte Arme | 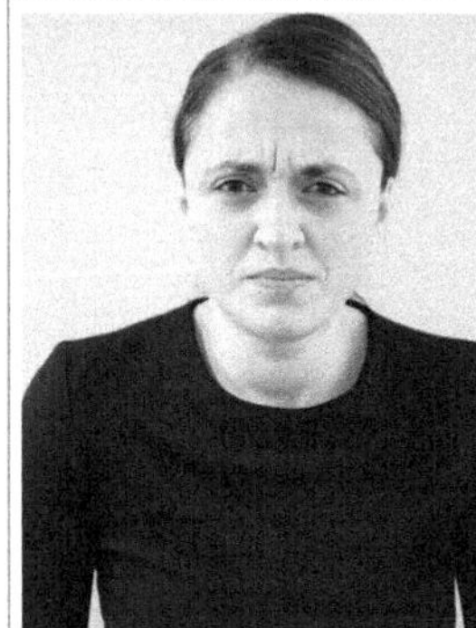 |
| Verachtung | • Einseitig angehobener Mundwinkel<br>• Starrer Blick<br>• Leicht nach oben rutschende Wangen | 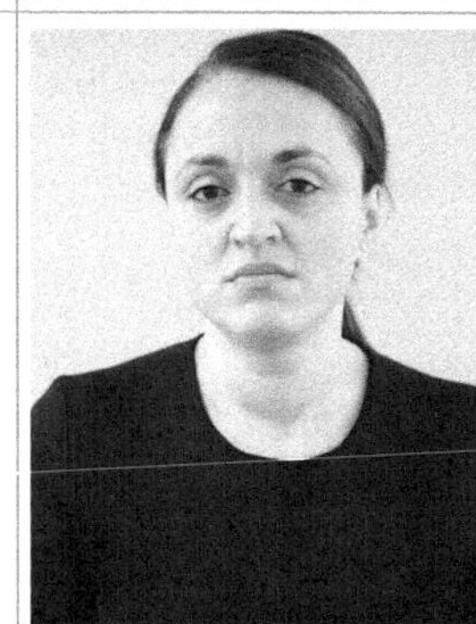 |
| Wut | • Reizbarkeit<br>• Erregung<br>• Gerötetes Gesicht<br>• zusammengebissene Kiefer<br>• Geballte Fäuste<br>• Hervorgeschobene Brust<br>• Angespannte Muskeln |  |

(Fortsetzung)

**Tab. 2.6** (Fortsetzung)

| Emotionen | Beispielhafte Signale | Beispielfoto |
|---|---|---|
| Traurigkeit | • Weinen<br>• Schmollmund<br>• zu Boden gerichteter Blick<br>• Gesenkte Augenlider<br>• Zusammengezogene Augenbrauen<br>• Eingesunkene Körperhaltung |  |
| Enttäuschung | • Gerötetes Gesicht<br>• Mangel an Begeisterung<br>• Eingesunkene Körperhaltung<br>• Niedergeschlagene Augenbrauen | 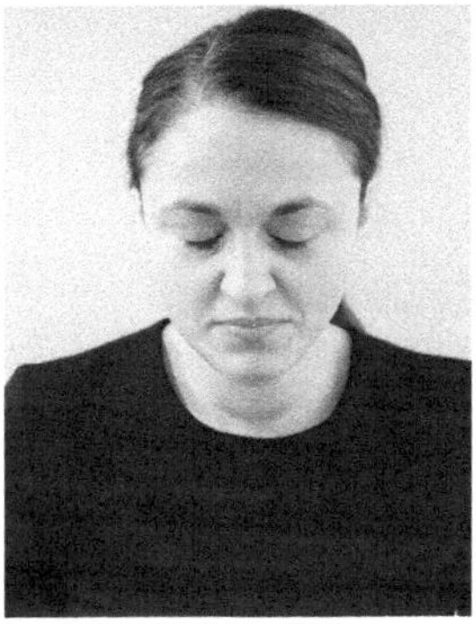 |

Wie Sie mit anderen Menschen kommunizieren, trägt wesentlich dazu bei, ob Sie eine vertrauensvolle Beziehung zu ihnen aufbauen – und diese ihrerseits zu Ihnen. Beachten Sie unbedingt alle Aspekte der Kommunikation, nicht nur den Inhaltsaspekt!

### 2.3.2 Warum Kommunikation schieflaufen kann

Grundsätzlich sollte das Ziel unserer Kommunikation doch sein, dass wir auf unsere Botschaft die erhoffte Reaktion erhalten (vgl. Abb. 2.13). Doch häufig geht dieser eigentlich recht einfache Prozess schief. Woran liegt das?

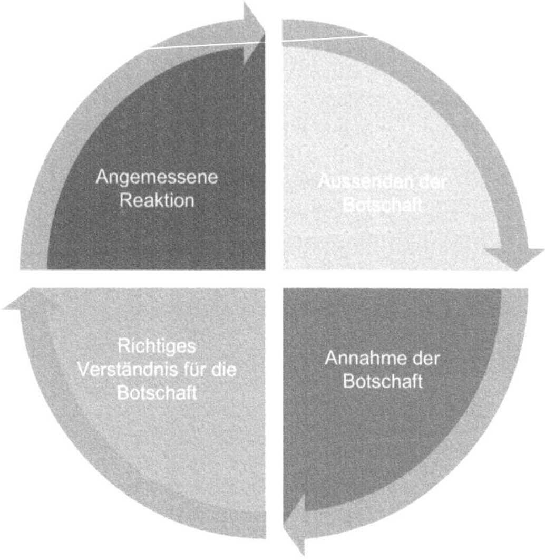


**Abb. 2.13** Ziele in der Kommunikation

Erinnern Sie sich an das Modell „Ich bin o. k. – Du bist o. k." (vgl. Abschn. 2.1.3)? Es bietet uns Anhaltspunkte dafür, warum es zu Kommunikationsproblemen kommen kann. Nach meiner Erfahrung ist ein häufiger Grund, dass wir uns selbst unseren Gesprächspartnern gegenüber überlegen erscheinen („Ich bin o. k. – Du bist nicht o. k."). Wir meinen dann, etwas besser oder mehr zu wissen und erteilen Ratschläge. Vielleicht sind wir genervt von der Langsamkeit und vermeintlichen Unfähigkeit unseres Gegenübers. Genau das lassen wir sie oder ihn dann spüren. Was glauben Sie, wie der Effekt ist? Unsere Botschaft kommt nicht an. Wir schaffen es nicht, die gewünschten Reaktionen bei unserem Gesprächspartner hervorzurufen.

Darüber hinaus existieren weitere Risikofaktoren, die den Kommunikationsprozess stören können (vgl. Tab. 2.7).

## 2.3.3 Die vier Botschaften einer Nachricht

Für mich selbst war es eine faszinierende ‚Entdeckung', die ich in ihrer Tragweite erst nach und nach erkannt habe, dass ein und dieselbe Nachricht stets viele Botschaften gleichzeitig enthält.
Friedemann Schulz von Thun (2014)

**Tab. 2.7** Risikofaktoren in der Kommunikation

| Auf Positionen beharren | Bewerten und abwerten | Druck ausüben | Ignoranz | Einseitige Perspektive | Ablenken | Übertriebene Ausführlichkeit |
|---|---|---|---|---|---|---|
| Beharren Sie auf Ihren inhaltlichen Positionen? | Wann und wie bewerten Sie andere oder werten Sie andere ab? | Üben Sie Druck auf Ihre Gesprächspartner aus?<br>Wie? | Wann und wie verhalten Sie sich in Dialogen passiv, ignorieren also Fragen und Aussagen von anderen? | Wie stark betonen Sie Ihre Argumente? | Beantworten Sie Fragen direkt? | Reden Sie zu viel? |
| Ist Ihre Meinung unverrückbar? | Haben Sie schon einmal erlebt, wie andere Menschen einen Dialog durch abwertende Aussagen blockiert haben? | Wollen Sie Ihren Gesprächspartner überreden oder überzeugen? | Kennen Sie Menschen, die auf Ihre Fragen nicht reagiert haben?<br>Haben Sie selbst schon einmal Fragen ignoriert? | Wie stark berücksichtigen Sie die Perspektive des Gesprächspartners? | Wie oft lenken Sie von der gestellten Frage ab? | Sind alle Einzelheiten, die Sie mitteilen, tatsächlich der Sache dienlich? |
| | | Drohen Sie sogar?<br>Wurde Ihnen schon einmal gedroht?<br>Womit? | | | Kennen Sie jemanden, der direkten Antworten aus dem Weg geht? | Kennen Sie andere Personen, die zu viel reden?<br>Welche Wirkung hat diese Angewohnheit auf Sie? |

Von der Sach- und der Beziehungsebene in der Kommunikation war schon in Abschn. 2.1 die Rede. Demnach bestimmt die emotionale Beziehungsebene immer die rationale Sachebene.

Laut Friedemann Schulz von Thun existieren zwei zusätzliche Ebenen in der Kommunikation, auf denen wir unsere Botschaften senden und empfangen (Schulz von Thun 2014): die Appellebene und die Selbstoffenbarungsebene.

An einem einfachen Beispiel (vgl. Abb. 2.14) lässt sich demonstrieren, warum Kommunikation so komplex ist: anhand der Aussage **„Die Ampel ist grün.“**

1. Auf der **Sachebene** ist die Aussage eindeutig: Die Ampel ist nicht rot, sondern grün.
2. Auf der **Appellebene** kann die Aussage des Beifahrers an den Fahrer so interpretiert werden: „Es ist grün, fahr endlich los!“
3. Auf der Ebene der **Selbstoffenbarung** stellt sich die Frage: Was hält der Gesprächspartner von sich? Es könnte also sein, dass er meint: „Es ist grün, und Du reagierst nicht. Das nervt mich, ich bin der bessere Fahrer.“
4. Für die Deutung der **Beziehungsebene** nehmen wir an, der Beifahrer sei der Fahrlehrer. Seine Aussagen auf der Beziehungsebene könnte also so gemeint sein: „Ich bin Dein Fahrlehrer, ich darf Dir sagen, dass es grün ist, weil Du mein Schüler bist.“

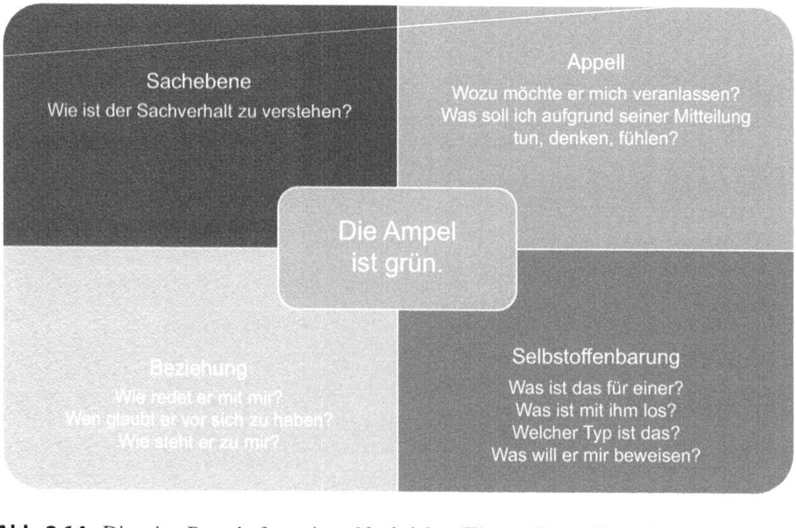


**Abb. 2.14** Die vier Botschaften einer Nachricht. (Eigene Darstellung in Anlehnung an Schulz von Thun 2014)

Ein weiteres Beispiel aus dem Unternehmensalltag, anhand dessen sich die vier Botschaften beschreiben lassen, ist die Aussage eines Mitarbeiters: **„Ich fühle mich überfordert.“**

1. **Sachebene:** Zunächst enthält diese Nachricht eine Sachinformation. Sie erfahren, dass die Aufgaben, die Sie Ihrem Mitarbeiter aufgetragen haben, ihn entweder quantitativ oder qualitativ überfordern.
2. **Appellebene:** Auf dieser Ebene lässt sich die Aussage des Mitarbeiters zum Beispiel so interpretieren: „Ich fühle mich überfordert – bitte hilf mir!“
3. **Beziehungsebene:** Aus der Nachricht geht auch hervor, wie der Sender (Ihr Mitarbeiter) zum Empfänger (zu Ihnen als Führungskraft) steht, was er also von Ihnen hält. Entscheidend ist an dieser Stelle, *wie* Ihnen Ihr Mitarbeiter seine Aussage näherbringt, *wie* er also sagt, dass er sich überfordert fühlt. Der Tonfall, die Stimme, Mimik, Gestik, Blickkontakt etc. sind dafür entscheidend. In diesem Fall: „Ich komme zu Dir, Vorgesetzter, um Dir mitzuteilen, dass ich überfordert bin.“
4. **Selbstoffenbarungsebene:** In jeder Nachricht stecken Informationen über die Person des Senders. Das Beispiel zeigt, dass Ihr Mitarbeiter offenbar frustriert ist und selbst keinen Ausweg aus seiner Situation kennt. Jede Nachricht enthält einen Teil Selbstdarstellung und Selbstenthüllung, freiwillig oder unfreiwillig.

### 2.3.4 Explizit kommunizieren

Die vier Botschaften einer Nachricht und die vielen Hürden, die den langen Weg vom Gedanken bis hin zur seiner Umsetzung blockieren und dabei Missverständnisse zwischen Gesprächspartnern hervorrufen, machen erfolgreiche Kommunikation zu einem komplizierten Unterfangen.

Deshalb ist es wichtig, sicherzustellen, dass das Gesagte, die eigene Botschaft, auch angekommen ist, verstanden wurde und umgesetzt wird. Andersherum ist es elementar, dass wir verstehen, was unser Gesprächspartner uns vermitteln will. Das gilt insbesondere für die Kommunikation zwischen Führungskraft und Mitarbeiter.

Deshalb sollten Sie ihre Kommunikation explizit gestalten, also deutlich, klar und verständlich. Das Gegenteil, implizite Kommunikation, würde bedeuten, dass Sie darauf hoffen, dass Ihre Gedanken und Botschaften schon irgendwie bei

Ihrem Gesprächspartner ankommen, verstanden werden und zu der Reaktion führen, die Sie sich erhoffen.

In unserer Firma gibt es einen roten Buzzer, wie Sie ihn aus TV-Shows kennen. Diesen Buzzer darf jeder Mitarbeiter drücken, wenn ein anderer Mitarbeiter eine Annahme getroffen hat, und er damit nicht einverstanden ist oder eine Frage hat:

- „Ich hatte gedacht, die Aufgabe wäre klar."
- „Wie kann man so etwas nicht verstehen?"
- „Warum hast Du die Aufgabe nicht erledigt?"

Ich selbst bin vor den Stolpersteinen in der täglichen Kommunikation nicht gefeit. Ich kenne zwei Menschen, die mit Rufnamen „Alex" heißen. Die eine ist Mitarbeiterin in meinem Team und heißt Alexandra, der andere ist ein guter Freund und heißt Alexander. Verwechslungen sind da vorprogrammiert und passieren mir regelmäßig.

Dabei ist die Schuldfrage sehr einfach zu klären: Wahr ist nicht, was A sagt, sondern was B versteht. Fragen Sie sich bitte immer zuerst: Was hätte ich anders, besser oder expliziter ausdrücken müssen? Das setzt selbstverständlich voraus, dass sich A bemüht, die Aussage von B zu erfassen und zu verstehen. Das ist leider nicht immer der Fall, zum Beispiel, wenn B die Aussage von A ganz bewusst ignoriert (vgl. Abschn. 2.3.2).

### 2.3.5 Vom Problem zur Umsetzung

Führung bedeutet, dass wir andere dazu zu bringen, dass sie tun, was wir von ihnen wollen. Ihr Auftrag als Führungskraft ist es, Ihre Botschaften so verständlich zu gestalten, dass jeder, Sie und Ihre Mitarbeiter, seine Aufgaben erfolgreich bewältigen kann. Dieser scheinbar einfache Prozess lässt sich wie folgt darstellen:

- Eine Aufgabe oder ein Problem muss erledigt werden.
- Je nach Aufgabe oder Problem ist dafür ein Kritikgespräch, Feedback oder eine Anweisung notwendig.
- Ziel des Gespräches ist eine Lösung, die letztlich umgesetzt wird.

Dafür ist es notwendig, dass Sie die Aufgabe und/oder das Problem eindeutig definiert haben:

- Was ist das Problem?
- Was ist die Aufgabe?

Sind Problem und/oder Aufgabe geklärt, ergeben sich diese Fragen:

- Wer trägt die Verantwortung?
- Wer ist zuständig für die Umsetzung?

Oder einfacher:

- Wer hat das Problem?
- Wer löst das Problem?

Je nachdem, wer das Problem hat, in wessen Aufgaben- und/oder Verantwortungsbereich es liegt und wer es löst, ergeben sich mehrere Entscheidungsvarianten.

**Entscheidungsvariante 1**
Die einfachste Variante ist die, dass das Problem in Ihrem Aufgabenbereich bzw. in dem Ihres Mitarbeiters liegt – und Sie beide jeweils wissen, was zu tun ist.

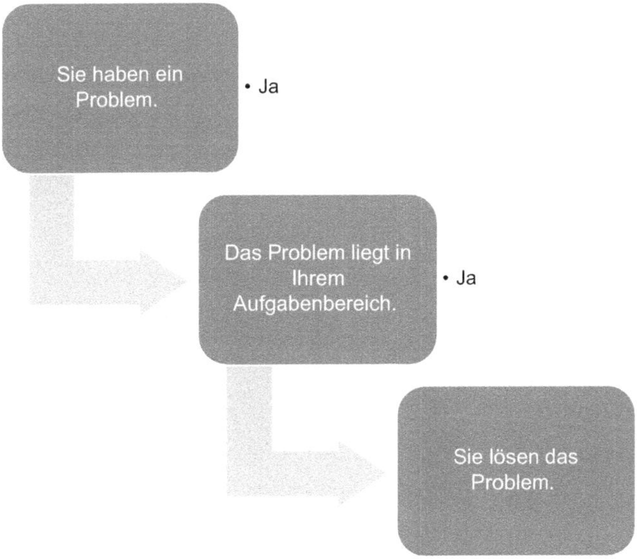

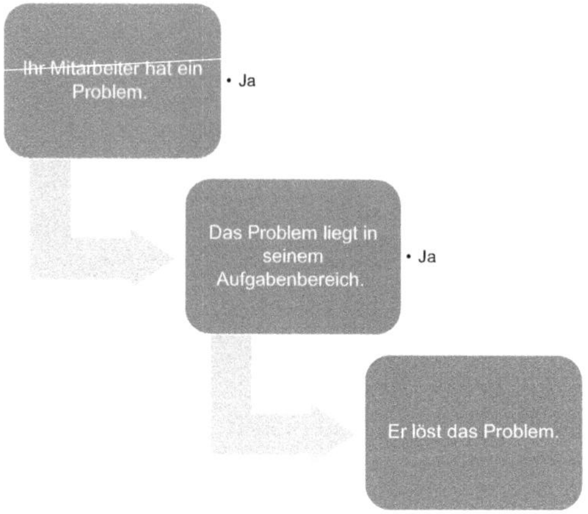


**Entscheidungsvariante 2**
Die Führungsaufgabe wird komplexer, wenn das Problem zwar in Ihrem Verantwortungsbereich liegt, aber nur vom Mitarbeiter gelöst werden kann. Dann müssen Sie delegieren. Welche Voraussetzungen dafür notwendig sind, und wie Sie erfolgreich delegieren, lesen Sie in Abschn. 3.5.

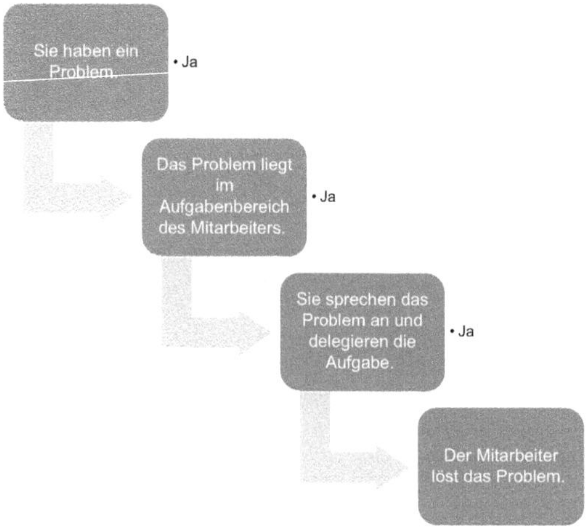

Beispiel: Sie sind Verkaufsleiter und brauchen die Umsatzzahlen für das nächste Vertriebsmeeting. Sie gehen zu Ihrem Sales Controller und bitten ihn, die Zahlen aufzubereiten.

**Entscheidungsvariante 3**
Wie häufig schaffen Sie es, erfolgreich zu delegieren? Dazu ein weiteres Beispiel: Nehmen wir an, Sie sind Verkaufsleiter, und Ihr Mitarbeiter erreicht seine Umsatzziele für Neukunden nicht. Das liegt unter anderem daran, dass er keine Neukunden anspricht, sondern seine Arbeitszeit als sehr guter Betreuer von Bestandskunden einsetzt. Ihr Mitarbeiter macht keine Anstalten, seine Prioritäten zu ändern, denn insgesamt stimmen ja seine Umsatzzahlen. Letztlich interessiert ihn nur das, denn dafür erhält er seine Provision.

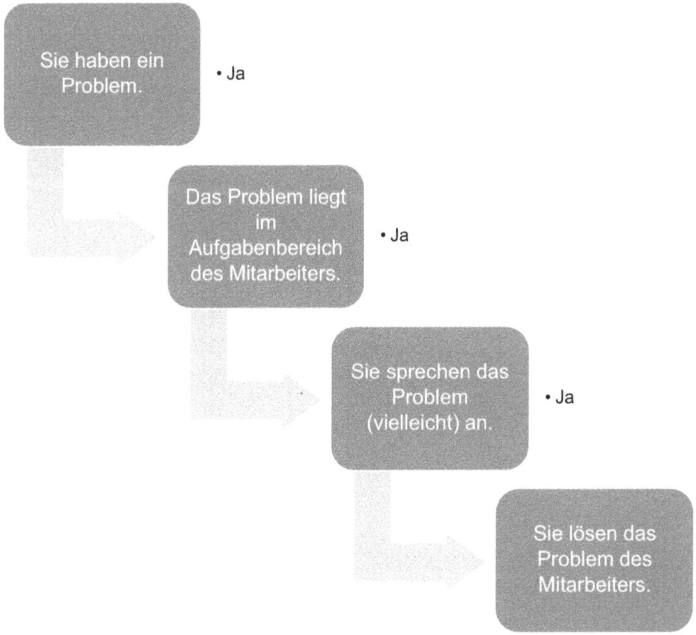


Bevor Sie also ein Konfliktgespräch mit Ihrem renitenten Mitarbeiter beginnen, übernehmen Sie die Aufgabe selbst, denn erst vor Kurzem haben Sie den Einkaufsleiter der XY GmbH getroffen, der an einem Gespräch mit Ihnen interessiert war. Sie nehmen also den Telefonhörer in die Hand, verabreden sich und gewinnen den Neukunden. So weit, so gut. Aber: Sie haben ein weiteres Mal die Aufgabe Ihres Mitarbeiters erledigt, nämlich Aufträge von Neukunden zu akquirieren.

Das heißt selbstverständlich nicht, dass Sie nicht operativ arbeiten sollen. Als Verkaufsleiter verkaufen Sie gern selbst, oder als Laborleiter haben Sie Freude an der Forschung. Zweifellos wirken Sie als gutes Vorbild, wenn Sie selbst mit anpacken. Allerdings sollte Ihr Schwerpunkt eher bei konzeptionellen und strategischen denn bei operativen Aufgaben liegen. Und dieser Schwerpunkt verschiebt sich immer weiter weg vom Tagesgeschäft, je höher Sie in der Hierarchie eines Unternehmens stehen (Vgl. Abschn. 3.9).

**Entscheidungsvariante 4**

Wie häufig kommt es in Ihrem Alltag als Führungskraft vor, dass Mitarbeiter mit Problemen aus ihrem eigenen Aufgabenbereich zu Ihnen kommen? Ich habe das vermutlich tausendfach erlebt, jeden Tag mehrmals. Wahrscheinlich habe ich dabei in mindestens der Hälfte der Fälle das getan, was sowohl dem Mitarbeiter als auch mir selbst geschadet hat: Ich habe sein Problem gelöst. Seien Sie ehrlich – zu sich selbst: Wie oft schon haben Sie Probleme Ihrer Mitarbeiter selbst erledigt?

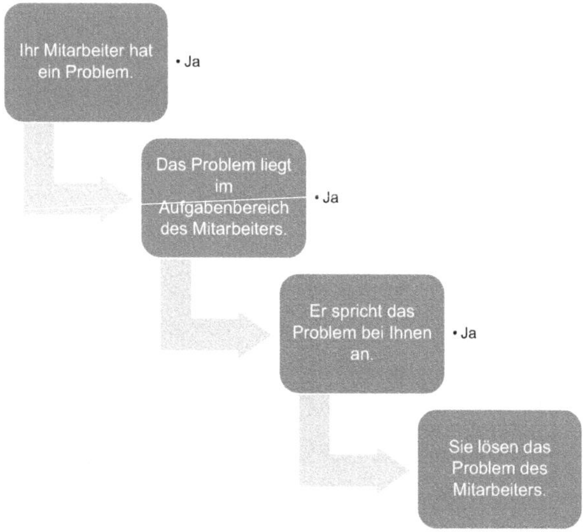


Ihre Führungsaufgaben sind unter anderem diese:

- Das Potenzial von Mitarbeitern wahrnehmen,
- Vertrauen aufbauen, Vorbild sein und inspirieren,
- Leistungen und Ergebnisse einfordern,
- Ihren Mitarbeitern ermöglichen, Risiken einzugehen,

- Kritik sachlich und konstruktiv vortragen,
- Ihren Mitarbeitern Gelegenheit geben, sich selbst zu korrigieren.

Hinzu kommen alle Aufgaben, die Ihnen aufgrund Ihrer fachlichen Eignung übertragen wurden. Als Verkaufsleiter sollen Sie Umsätze und Erträge steigern, als Marketingleiter die Kommunikation des Unternehmens optimieren, als Leiter für Forschung und Produktentwicklung dafür sorgen, dass qualitativ hochwertige Produkte termingerecht im Markt platziert werden, als Leiter der Buchhaltung tragen Sie die Verantwortung für alle kaufmännischen Belange des Unternehmens.

Ihre Aufgaben als Führungskraft sind also zahlreich und anspruchsvoll. Aber eine Aufgabe gehört definitiv nicht dazu: Dass Sie die Arbeit Ihrer Mitarbeiter erledigen!

Nehmen Sie das Anliegen Ihres Mitarbeiters ernst, und seien Sie eine sichere Basis für ihn. Versuchen Sie herauszufinden, ob Ihr Mitarbeiter die Lösung für sein Problem bereits selbst im Kopf hat, sie aber vielleicht noch nicht auf den Punkt bringen kann. Stellen Sie ihm deshalb gezielte Fragen, damit er die Lösung selbst formulieren kann. Leisten Sie auf diese Weise Hilfe zur Selbsthilfe – aber achten Sie darauf, dass Ihr Mitarbeiter seine Aufgabe auch selbst erledigt!

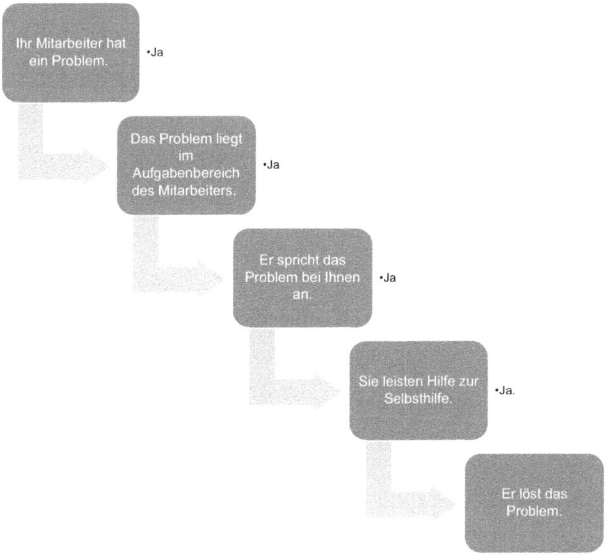

Diese Hilfe zur Selbsthilfe ist deshalb so wichtig, weil Sie zum einen wertvolle Zeit für Ihre eigenen Aufgaben gewinnen und zum anderen Ihren Mitarbeiter dazu gebracht haben, sich wieder ein kleines Stück weiterzuentwickeln: Professionell, weil er selbst eine Lösung für sein fachliches Problem entworfen hat, aber auch persönlich, weil er durch seine erweiterte Problemlösungskompetenz (zusätzliches) Selbstvertrauen gewonnen hat.

Persönliche Weiterentwicklung ist für viele ein starker Antrieb. Indem Sie dem Mitarbeiter die Gelegenheit geben und dabei unterstützen, seine Aufgaben, Probleme und Herausforderungen zu bewältigen, verschaffen Sie ihm Erfolgserlebnisse. Und diese Erfolgserlebnisse für Ihre Mitarbeiter sind die Quintessenz Ihrer Führungsarbeit.

**Entscheidungsvariante 5**

Natürlich gibt es noch eine weitere Entscheidungsvariante: Ihr Mitarbeiter hat ein Problem, das aber in Ihren Bereich fällt. Dann liegt es auch an Ihnen, dieses Problem zu lösen. Beispiel: Ihre Mitarbeiter bitten um regelmäßige Teambesprechungen, oder sie benötigen Informationen über eine neue Produktlinie, oder sie bitten Sie um ein Feedback.

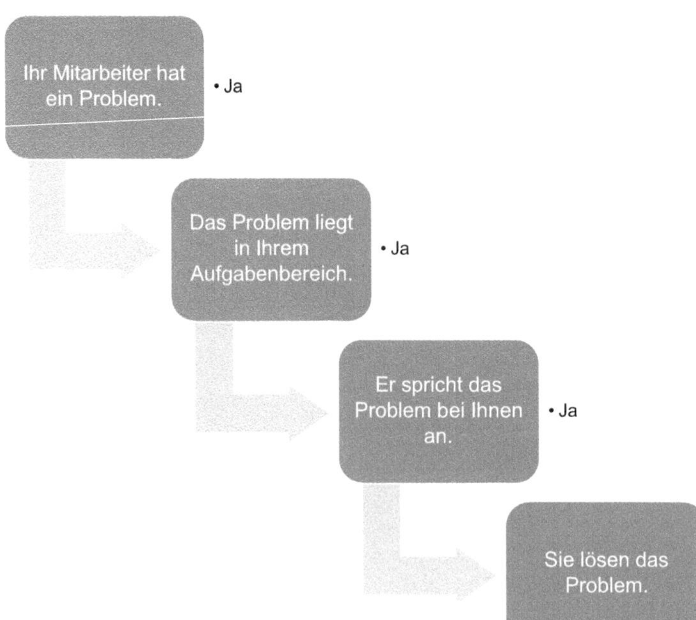

Damit Sie Erfolgserlebnisse für Ihre Mitarbeiter schaffen können, müssen einige Rahmenbedingungen stimmen. Über die richtige strategische Ausrichtung, Leitbilder, Ziele und das Verhalten eines Unternehmens (Abschn. 2.2) hinaus sollten Ihren Mitarbeitern auch die notwendigen Ressourcen wie das entsprechende Budget, die notwendige IT-Infrastruktur und angemessene Arbeitsplätze zur Verfügung stehen.

Leider ist das häufig nicht der Fall, weil (Schein-)Argumente, Gründe und Rechtfertigungen, warum etwas gut funktioniert oder nicht funktioniert, vorgeschoben werden. Diese Ausreden sind Legion und werden oft genug zu Nebenkriegsschauplätzen, die Sie vom Wesentlichen abhalten.

Als Führungskraft müssen Sie deshalb vorausdenken und frühzeitig prüfen, ob die Rahmenbedingungen und Ressourcen gegeben sind, damit Ihre Mitarbeiter ihre beste Leistung entfalten können.

Wenn das nicht der Fall sein sollte, dann konzentrieren Sie sich auf das, was Sie selbst steuern können: Ihre Kommunikation als Führungskraft. Um diese erfolgreich zu gestalten, benötigen Sie die richtigen Kommunikationstechniken und -instrumente.

### 2.3.6 Kommunikationstechniken

Damit Sie als Führungskraft Hilfe zur Selbsthilfe leisten können und Erfolgserlebnisse für Ihre Mitarbeiter schaffen, müssen Sie Ihre Kommunikation zielgerichtet gestalten. Dafür sollten Sie ein paar wertvolle Kommunikationswerkzeuge kennen und nutzen können. Vielleicht wenden Sie heute schon einen Teil davon bewusst oder unbewusst an, vielleicht kennen Sie sie bereits, haben sie aber noch nicht oder nur rudimentär eingesetzt.

Zu den grundlegenden Instrumenten gehören Fragen und Fragetechniken (vgl. Abschn. 2.3.7). Mit den richtigen Fragen erhalten Sie die Informationen, die Sie benötigen. Doch wie stellen Sie sicher, dass Sie die Informationen, die Sie erhalten, richtig verstehen? Das richtige gegenseitige Verständnis ist für den Aufbau einer belastbaren, von Vertrauen geprägten Beziehung unabdingbar. Insofern ist Zuhören bzw. aktives Zuhören (vgl. Abschn. 2.3.8) ein wesentlicher Bestandteil erfolgreicher Mitarbeitergespräche.

Diesen beiden grundlegenden Kommunikationstechniken widmen wir uns auf den folgenden Seiten.

Natürlich sollten Sie als Führungskraft auf Vorwände und Einwände Ihrer Mitarbeiter gefasst sein. Auf diese Antworten angemessen und souverän zu reagieren, ist eine weitere Herausforderung für Ihre Fähigkeit als Führungskraft, Gespräche erfolgreich zu führen. Hierzu erfahren Sie mehr in Abschn. 4.9.

Wie Sie mithilfe wirksamer Rhetorik erreichen, Ihre Interessen durchzusetzen und die Haltung Ihrer Mitarbeiter positiv zu beeinflussen, erfahren Sie in Abschn. 4.8.

Tab. 2.8 zeigt im Überblick die wesentlichen Kommunikationswerkzeuge einer zielgerichteten Gesprächsführung.

### 2.3.7 Strategische Fragetechniken

Wer fragt, der führt. Gezielte, kluge Fragen sind ein machtvolles Instrument, um ein gewünschtes Gesprächsergebnis zu erzielen. Leider müssen wir als Erwachsene das Fragenstellen neu lernen, denn unsere Neugier und damit der Drang, Fragen zu stellen, wird im Lauf unseres Lebens negativ beeinflusst:

Als Kind stellen wir eine Menge Fragen, denn da dürfen wir es noch, auch wenn wir den ein oder anderen Erwachsenen bei so viel Wissensdrang schon leicht nerven. Spätestens in der Schule sind jedoch vor allem die Lehrer diejenigen, die Fragen stellen. Und wer als Schüler die Antworten nicht kennt, fängt sich schlechte Noten ein.

Fragende, neugierige Schüler werden von Lehrern, zumindest aber von den Mitschülern, so lange abgestraft, bis auch der Neugierigste es aufgibt, Fragen zu stellen.

**Tab. 2.8** Werkzeuge für erfolgreiche Kommunikation

| Strategische Fragetechnik | Aktives Zuhören | Einwandbehandlung | Kraftvolle Botschaften |
|---|---|---|---|
| Stelle ich (überhaupt) Fragen? | Höre ich richtig (aktiv) zu und verstehe ich meinen Gesprächspartner? | Nehme ich Einwände wahr? Kann ich sie von Vorwänden unterscheiden? | Wie gelingt es mir, meine Interessen und Vorstellungen als Führungskraft einzubringen? |
| Welche Art von Fragen stelle ich mit welchem Ziel? | Kann ich in eigenen Worten wiederholen, was mein Gesprächspartner gesagt hat? | Wie reagiere ich auf Einwände? | Wie schaffe ich es, den Mut und die Zuversicht meines Gesprächspartners zu aktivieren? |
| Wie häufig stelle ich welche Art von Fragen? | Fühlt mein Gesprächspartner sich verstanden? | Kann ich Einwände richtig behandeln? | Wie erhöhe ich die Akzeptanz meiner Aussagen bei meinen Mitarbeitern? |

**Warum ist es gerade für Sie als Führungskraft wichtig, die richtigen Fragen zu stellen?**

- Sie zeigen damit Interesse an Ihren Mitmenschen (und Mitarbeitern),
- Sie erfahren mehr über die Bedürfnisse, Motive und Interessen Ihrer Mitarbeiter,
- Sie lernen die Persönlichkeiten Ihrer Mitarbeiter (besser) kennen,
- Sie erfahren mehr über ihre Stärken und Schwächen,
- Sie finden ihre Kompetenzen und intellektuellen Fähigkeiten heraus,
- Sie können Ihre Mitarbeiter auf diese Weise besser, weil angemessener beurteilen, und
- Sie können Hilfe zur Selbsthilfe leisten.

Natürlich sollen Sie nicht den Eindruck erwecken, Ihre Mitarbeiter verhören oder ausfragen zu wollen. Dieses Gefühl würde Ihre Mitarbeiter unter Stress setzen und Ihre Beziehungen zu ihnen belasten. Daher ist es wichtig, die richtigen Fragen zum richtigen Zeitpunkt zu stellen. Welche das sind, müssen Sie situativ für sich und die jeweilige Gesprächssituation herausfinden.

Möchten Sie zum Beispiel möglichst viele und umfassende Informationen erhalten, bieten sich die sogenannten offenen Fragen an, sie beginnen beispielsweise mit den Worten: Wo, weshalb und wie.

Ist es Ihr Ziel, Ihre Mitarbeiter (oder andere Gesprächspartner) auf einen bestimmten Weg zu bringen oder zu einer Entscheidung zu führen, nutzen Sie die geschlossenen Fragen. Beispiel: Haben Sie verstanden, was ich Ihnen gerade gesagt habe? Stimmen Sie mir zu?

Es gibt sehr viele Variationsmöglichkeiten und Gelegenheiten, die unterschiedlichen Frageformen für die jeweilige Gesprächssituation und Ihre Zwecke einzusetzen. Tab. 7.1 im Anhang liefert Ihnen eine umfassende Übersicht.

### 2.3.8 Aktives Zuhören

Wenn Sie Fragen stellen, erhalten Sie (in aller Regel) Informationen. Ob Sie diese richtig verstanden haben, können Sie prüfen, indem Sie das Instrument des Aktiven Zuhörens anwenden. So steigern Sie das gegenseitige Verständnis füreinander, was wiederum essenziell ist für eine belastbare, zwischenmenschliche Beziehung zwischen Ihnen und Ihren Mitarbeitern.

Aktives Zuhören hat in Kombination mit professionellen Fragetechniken noch einen weiteren positiven Effekt: Sie unterstützen Ihren Mitarbeiter darin, dass er selbst eine Lösung für seine Aufgabe bzw. sein Problem entwickelt.

Das aktive Zuhören bildete sich aus der nicht-direktiven Gesprächspsychotherapie von Carl Rogers (Rogers 1983, 2016). Rogers fand in therapeutischen Situationen heraus, dass er seinen Patienten immer dann helfen konnte, wenn er es schaffte, dass sie selbst auf die Lösung für ihre Probleme kamen.

Am Beginn einer solchen Therapie steht also immer die Suche des Patienten nach Hilfe. Denken Sie an Ihre tägliche Führungsarbeit: Wann klopfen Ihre Mitarbeiter an Ihre Tür? Richtig: Wenn sie ein Problem haben. Patienten und Mitarbeiter haben ein gemeinsames Ziel: Sie wollen ihr Problem aus der Welt schaffen.

Erklären Sie sich deshalb gern bereit, Ihrem Mitarbeiter bei der Lösung für sein Problem zu helfen. Zentrales Ziel Ihres Gesprächs sollte es jedoch sein, dass Ihr Mitarbeiter die Verantwortung für das Problem und seine Lösung behält bzw. annimmt.

Nun sorgen Sie dafür, dass Ihr Mitarbeiter selbst eine Lösung entwickelt. Die Wahrscheinlichkeit, dass er diese Lösung tatsächlich umsetzt, ist sehr groß – und ganz nebenbei wächst sein Selbstvertrauen.

**Aktives Zuhören bedeutet für Führungskräfte deshalb**

- Sich auf der Sachebene und auf der Beziehungsebene vollkommen auf den Mitarbeiter einzustellen und dies durch die eigene Körpersprache und Mimik auszudrücken. Dazu gehört auch, eigene Themen für dieses Gespräch auszublenden;
- offenes und ehrliches Interesse am Mitarbeiter zu zeigen;
- dem Mitarbeiter einen großen Redeanteil zuzugestehen, ihn nicht zu unterbrechen und ausreden zu lassen;
- mit verschiedenen Werkzeugen auf **verbaler, paraverbaler** und **nonverbaler** Ebene (vgl. Tab. 2.9) das Gespräch zu steuern und dabei die eigene Meinung zurückzustellen;
- die Bedürfnisse, Motive, Interessen und Ziele des Mitarbeiters zu erkennen und anzusprechen;
- Verständnis zu zeigen, aber nicht unbedingt einverstanden sein zu müssen;
- Missverständnisse zu vermeiden und bei bestehenden Missverständnisse zu klären; und
- bestätigende Signale zu senden und ein positives Feedback zu geben.

**Tab. 2.9** Die Ebenen des aktiven Zuhörens

| Nonverbal | Paraverbal | Verbal |
|---|---|---|
| • Blickkontakt aufnehmen und halten<br>• Kopfnicken<br>• Bewusst gesteuerte Bewegung wie Kopfnicken oder Kopfschütteln<br>• Zustimmende Gestik und Mimik<br>• Spiegeln/Pacing: die Körpersprache des Gesprächspartners spiegeln, aber nicht imitieren | • Stimmeigenschaften nutzen (Stimmlage, Tonfall, Resonanzraum der Brust)<br>• Sprechverhalten anpassen (Betonung, Artikulation, Lautstärke, Sprechtempo und Sprachmelodie)<br>• Sprechpausen und Schweigen einlegen und aushalten | • Zustimmung/Verständnis äußern<br>• Gegenfragen stellen<br>• Paraphrasieren<br>• Emotionen verbalisieren<br>• Zusammenfassen/ Akzeptanz einholen<br>• Klären und präzisieren<br>• Verbinden und weiterführen<br>• Abwägen |

**Bezogen auf die die nonverbale und paraverbale Ebene bedeutet das beispielsweise**

- Nicken Sie zustimmend mit dem Kopf.
- Öffnen Sie Ihren Körper zu Ihrem Mitarbeiter hin, also öffnen Sie die Arme.
- Die Beine können Sie gern übereinanderschlagen, aber nicht so, dass Ihre Knie direkt auf den Mitarbeiter zeigen oder Sie dem Mitarbeiter die volle „Breitseite" des überschlagenen Beines präsentieren.
- Schaffen Sie mit Ihrer Stimmlage und Sprechgeschwindigkeit Vertrauen.
- Bleiben Sie in einer beruhigenden Tonlage und sprechen Sie etwas langsamer.
- Machen Sie Pausen und halten Sie Pausen aus.

Tab. 2.9 zeigt eine Übersicht über die verschiedenen Ebenen des aktiven Zuhörens.

Im Anhang in Kap. 7 (Tab. 7.2 und 7.3) finden Sie eine ausführliche Darstellung und Übungen zu der verbalen Ebene des aktiven Zuhörens.

## 2.4 Fazit: Wie Sie Vertrauen aufbauen

Wie wir uns und andere wahrnehmen und auf andere reagieren, hat Einfluss auf unser Zusammenleben und Zusammenarbeiten mit anderen. Die Signale, die wir dabei aussenden, besitzen eine Botschaft, die unsere Beziehungen zu diesen Menschen stärkt oder schwächt.

Führungskräfte, die eine starke, verlässliche, belastbare Beziehung zu ihren Mitarbeitern aufbauen, können diese dabei unterstützen, ihr Potenzial voll zu entfalten. Das Bedürfnis nach Sicherheit hat jeder Mensch. Je mehr es Ihnen gelingt, für Ihre Mitarbeiter eine sichere Basis zu sein, desto eher ermöglichen Sie es ihnen, Risiken einzugehen und über sich hinauszuwachsen. Deswegen:

- Achten Sie auf die Signale, die Sie selbst aussenden.
- Achten Sie auf die Signale, die Sie von Ihren Mitarbeitern erhalten.
- Suchen Sie nach den Bedürfnissen, Interessen und Motiven, die hinter diesen Signalen liegen.
- Versuchen Sie mit den passenden Kommunikationstechniken, Ihre Mitarbeiter zu verstehen und ihre Bedürfnisse, Interessen und Motive einzuordnen.
- Nutzen Sie dieses Verständnis, um die Beziehung zu Ihren Mitarbeitern zu stärken.

Und denken Sie daran: Verständnis haben heißt nicht, einverstanden zu sein!

**Übung**
Ich möchte Sie zu einer weiteren Übung einladen. Stellen Sie sich dabei die folgenden Fragen:

- Welche Einflussfaktoren für den Aufbau von Vertrauen können Sie bei sich selbst beeinflussen, vielleicht sogar aktiv steuern?
- Welche Faktoren können Sie bei Ihrem Mitarbeiter steuern?
- Auf welche Einflussfaktoren haben Sie nur begrenzt Einfluss, bei sich selbst und Ihrem Mitarbeiter?
- Welche Faktoren können Sie überhaupt nicht kontrollieren, beeinflussen oder steuern, weder bei sich selbst noch bei Ihrem Mitarbeiter?

Gehen Sie die einzelnen Faktoren in der folgenden Abbildung durch und machen Sie die Kreuze an den entsprechenden Stellen.

| | Sie für sich selbst | | | Sie bei Ihrem Mitarbeiter | | |
|---|---|---|---|---|---|---|
| | steuerbar | bedingt steuerbar | nicht steuerbar | steuerbar | bedingt steuerbar | nicht steuerbar |
| Bedürfnisse, Interessen und Motive | | | | | | |
| Eine sichere Basis darstellen | | | | | | |
| Selbstbewusstsein und Selbstvertrauen („Ich bin o.k.") | | | | | | |
| Einstellung zu anderen Menschen („Du bist o.k.") | | | | | | |
| Selbstbild | | | | | | |
| Fremdbild | | | | | | |
| Wunschbild | | | | | | |
| Fachwissen | | | | | | |
| Methodik | | | | | | |
| Haltung | | | | | | |
| Persönlichkeit | | | | | | |
| Verhalten des Arbeitgebers | | | | | | |
| Kommunikation | | | | | | |
| Aussehen / Attraktivität | | | | | | |
| Äußeres Erscheinungsbild / Kleidung | | | | | | |

Im Anhang finden Sie eine ausführliche Frageliste, mit deren Hilfe Sie Ihre eigene Wahrnehmung zu den Einflussfaktoren für Vertrauen noch einmal überprüfen und reflektieren können.

**Zusammenfassung Vertrauen aufbauen**
Nach diesem Modul sollten Sie sich folgenden Themenbereichen bewusst sein und daran arbeiten können (vgl. Abb. 2.15):
**Ihre Ziele sollten sein:**

- Eine belastbare Beziehung aufbauen und Vertrauen entwickeln
- Bedürfnisse und Motive unterscheiden und wahrnehmen können
- Eine sichere Basis für den Mitarbeiter werden
- Gegenseitiges Verständnis mithilfe von Werkzeugen der Kommunikation herstellen

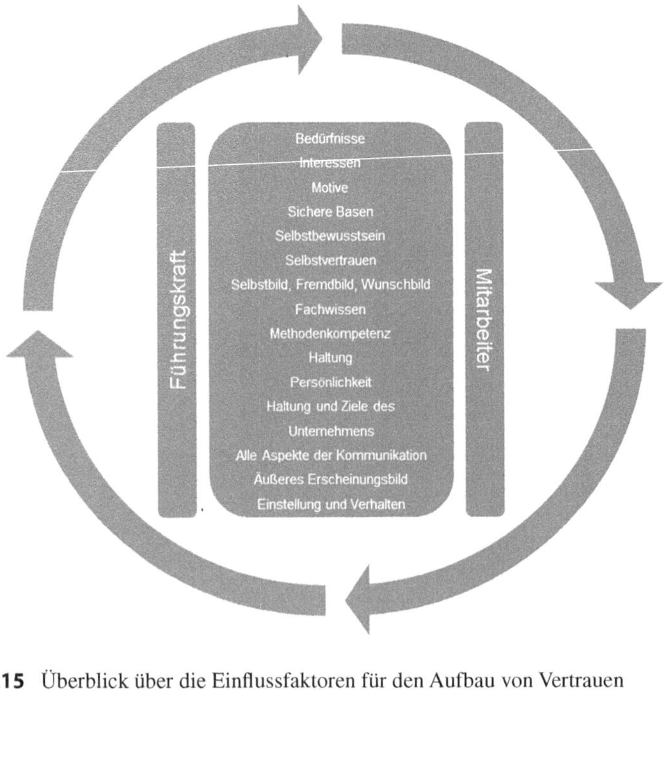


**Abb. 2.15** Überblick über die Einflussfaktoren für den Aufbau von Vertrauen

**Um diese Inhalte sollte es in Ihrer Führungsfunktion gehen:**

- Unterscheiden der Sach- und Beziehungsebene
- Bedürfnisse, Interessen und Motive
- Sie als sichere Basis
- Selbstbewusstsein und Selbstvertrauen
- Selbstbild, Fremdbild und Wunschbild
- Autorität, Charisma und Vertrauen
- Fachwissen, Methodenkompetenz, Verhalten und Persönlichkeit
- Verhalten des Arbeitgebers
- Hormone und Vertrauen
- Kommunikation und Vertrauen
- Der erste Eindruck
- Körpersprache und ihre Signale
- Äußeres Erscheinungsbild

**Diese Kommunikationstechniken sollten Sie beherrschen:**

- Strategische Fragetechnik
- Aktives Zuhören

**Der Nutzen, den Sie daraus ziehen, sollte Sie sagen lassen:**

- Ich als Führungskraft verstehe meine Mitarbeiter
- Meine Mitarbeiter verstehen mich als Führungskraft
- Ich entwickle eine belastbare, vertrauensvolle Beziehung zu meinen Mitarbeitern

## Literatur

Adam, H., und A.D. Galinsky. 2012 Enclothed cognition. *Journal of Experimental Social Psychology* 48:918–925. doi:http://dx.doi.org/10.1016/j.jesp.2012.02.008. http://www.sciencedirect.com/science/article/pii/S0022103112000200. Zugegriffen: 2. Apr. 2017.

Anwar, Y. 2011. Is a stranger genetically wired to be trustworthy? You'll know in 20 seconds. news.berkeley.edu/2011/11/14/wired-to-be-trustworthy/. Zugegriffen: 2. Apr. 2017.

Baumgartner, T. 2012. Wirkung von Oxytocin auf emotionale und kognitive Empathie. Rheinische Friedrich-Wilhelms-Universität Bonn, Bonn. http://hss.ulb.uni-bonn.de/2012/2830/2830.pdf. Zugegriffen: 2. Apr. 2017.

Baumgartner, T., et al. 2008. Oxytocin shapes the neural circuitry of trust and trust adaptation in humans. *Neuron* 58 (4): 639–650. doi:http://dx.doi.org/10.1016/j.neuron.2008.04.009. http://www.cell.com/neuron/pdf/S0896-6273(08)00327-9.pdf. Zugegriffen: 2. Apr. 2017.

Bayer, S., und A.M. Schüller. 2015. Kleider machen Leute: Studie zeigt, was Businesskleidung bewirkt. Formale Kleidung verändert Denken und Handel. http://www.salesjob.de/vertriebsinfo/magazin/rubriken/trends/kleider-machen-leute-studie-zeigt-was-business-kleidung-bewirkt/. Zugegriffen: 2. Apr. 2017.

Borkenau, P., und F. Ostendorf. 2008. *NEO-Fünf-Faktoren Inventar nach Costa und McCrae (NEO-FFI). Manual*, 2. Aufl. Göttingen: Hogrefe.

Braatz, D. 2016. Der klassische Herrenanzug ist in der Krise. http://www.sueddeutsche.de/stil/mode-der-klassische-herrenanzug-ist-in-der-krise-1.3284345. Zugegriffen: 2. Apr. 2017.

Ebner-Eschenbach, M. 2015. *Aphorismen*. Berlin: Verlag der Contumax.

Egloff, L., und L.L. Gassmann. 2011. Vertrauensfördernde Sexualhormone. Fremden vertrauen dank Oxytocin. Universität Zürich. http://www.news.uzh.ch/de/articles/2011/fremden-vertrauen-dank-oyxtocin.html. Zugegriffen: 2. Apr. 2017.

Ekman, P. 2011. *Ich weiß, dass du lügst: Was Gesichter verraten,* 6. Aufl. Reinbek: Rowohlt Taschenbuch.

Fombrun, C.J., und C.B.M.Van Riel. 2008. *Fame and fortune: How successful companies build winning reputations.* Upper Saddle River: Financial Times Prentice Hall Books.

Harris, T.A. 2015. Ich bin o.k., Du bist o.k., 50. Aufl. Reinbek: Rowohlt Taschenbuch.

Heine, Heinrich. 1844. *Deutschland. Ein Wintermärchen.* Hamburg: Hoffmann und Campe.

Herzberg, F., B. Mausner, und B. Bloch Snyderman. 2011. *The motivation to work*, überarbeitete Aufl. Piscataway: Transaction.

Hoffmann, M. 2011. Businessmode-Quiz II: Wie stilsicher sind Sie? http://m.spiegel.de/karriere/a-749087.html. Zugegriffen: 2. Apr. 2017.

Kohlrieser, G., S. Goldsworthy, und D. Coombe. 2013. *Fördern und fordern. Effektive Führung mit sicherer Basis.* Weinheim: Wiley-VCH.

Kosfeld, M., et al. 2005. Oxytocin increases trust in humans. *Nature* 435:673–676. doi:10.1038/nature03701. Zugegriffen: 2. Apr. 2017.

Kraus, M.W., und W.B. Mendes. 2014. Sartorial symbols of social class elicit class-consistent behavioral and physiological responses: A dyadic approach. *Journal of Experimental Psychology: General* 143 (6): 2330–2340. doi:10.1037/xge0000023. https://static.squarespace.com/static/5432c0d8e4b0fc3eccdb0500/t/5435ae77e4b0179b57ec0558/1412804215542/sartorial-symbols-of-social-class-elicit-class-consistent-behavioral-and-physiological-responses.pdf. Zugegriffen: 2. Apr. 2017.

Maslow, A. 1981. *Motivation und Persönlichkeit.* Reinbek: Rowohlt Taschenbuch.

McClelland, D.C. 2010. *The achieving society.* Eastford: Martino Fine Books.

Molcho, S. 2002. *Alles über Körpersprache: Sich selbst und andere besser verstehen.* München: Mosaik.

Molcho, S. 2005. *Körpersprache des Erfolgs.* München: Ariston.

Naumann, F. 2015. *Schöne Menschen haben mehr vom Leben: Die geheime Macht der Attraktivität.* Frankfurt a. M.: Fischer Taschenbuch.

Nickl, Roger. 2006. Augenblick. *Unimagazin* 3 (2006): 36–40. Universität Zürich, Zürich. http://www.kommunikation.uzh.ch/dam/jcr:00000000-2480-b31a-ffff-ffffbf98f714/Magazin_3_06-36.pdf. Zugegriffen: 2. Apr. 2017.

Oberwittler, J. 2016. Kleidung und Karriere: Anziehen, aufsteigen. http://m.spiegel.de/stil/a-1124885.html. Zugegriffen: 2. Apr. 2017.

Rettig, D. 2012. Kleider machen Leute – Unsere Kleidung beeinflusst unser Denken. www.alltagsforschung.de/kleider-machen-leute-unsere-kleidung-beeinflusst-unser-denken/. Zugegriffen: 2. Apr. 2017.

Rogers, C.R. 1983. *Die klientenzentrierte Gesprächspsychotherapie. Client-Centered Therapy.,* 20. Aufl. Frankfurt a. M.: Fischer Taschenbuch.

Rogers, C.R. 2016. *Entwicklung der Persönlichkeit: Psychotherapie aus der Sicht eines Therapeuten,* 20. Aufl. Stuttgart: Klett Cotta.

Schiffmann, I. 2016. Arbeitskleidung: Wie beeinflusst Kleidung unsere Arbeitshaltung? http://www.zeit.de/zeit-wissen/2017/01/arbeitskleidung-einfluss-leistung-symbolik. Zugegriffen: 2. Apr. 2017.

Schulz von Thun, F. 2014. *Miteinander reden Bd. 1–4: Störungen und Klärungen/Stile, Werte und Persönlichkeitsentwicklung/Das „Innere Team" und situationsgerechte Kommunikation/Fragen und Antworten.* Reinbek: Rowohlt Taschenbuch.

Sentürk, J. 2012. *Schulterblick und Stöckelschuh: Wie Haltung, Gestik und Mimik über unseren Erfolg entscheiden.* Wiesbaden: Springer Gabler.

Sierminska, E. 2015. Does it pay to be beautiful? Physically attractive people can earn more, particularly in customer-facing jobs, and the rewards for men are higher than for women. IZA World of Labor project. doi:10.15185/izawol.161. https://wol.iza.org/articles/does-it-pay-to-be-beautiful/long. Zugegriffen: 2. Apr. 2017.

Slepian, M.L. et al. 2015. The cognitive consequences of formal clothing. *Social Psychological and Personality Science* 6 (6): 661–668. doi:10.1177/1948550615579462. http://www.columbia.edu/~ms4992/Pubs/2015_Slepian-Ferber-Gold-Rutchick_Clothing-Formality_SPPS.pdf. Zugegriffen: 2. Apr. 2017.

US-Studie – formelle Kleidung macht uns schlauer. 2015. http://www.fr-online.de/karriere/anzuege-und-kostueme-us-studie—formelle-kleidung-macht-uns-schlauer,1473056,30925006.html. Zugegriffen: 2. Apr. 2017.

Watzlawick, P. 2011. *Menschliche Kommunikation, Formen, Störungen, Paradoxien,* 12. Aufl. Bern: Hogrefe.

# 3 Handlungsfähigkeit ermöglichen: Modul 2

Es ist nicht genug zu wissen, man muss es auch anwenden. Es ist nicht genug zu wollen, man muss es auch tun.
Johann Wolfgang von Goethe, Wilhelm Meisters Wanderjahre (1999)

Das zweite Modul des Führungsmodells „Trust-based Leadership" zeigt, wie Sie als Führungskraft Ihre Mitarbeiter dazu in die Lage versetzen, dass diese ihre Aufgaben erledigen. Dafür müssen Sie zunächst die Fähigkeiten Ihrer Mitarbeiter beurteilen können, um sie dann auf der Basis dieser Analyse mit gezielten Maßnahmen zu fördern und so ihre berufliche Weiterentwicklung voranzutreiben. Ziel ist es, dass Sie Ihren Mitarbeitern Aufgaben und Verantwortung übertragen. Zum Delegieren gehört daher ebenso, loslassen zu können – eine der wichtigsten Aufgaben von Führungskräften! Wichtige Instrumente wie Feedback- und Kritikgespräche helfen Ihnen dabei, die Leistung Ihrer Mitarbeiter im Blick zu behalten.

Im ersten Modul stand die Frage im Vordergrund, wie Sie als Führungskraft eine belastbare, vertrauensvolle Beziehung zu Ihren Mitarbeitern herstellen können.

Ist es Ihnen gelungen, diese vertrauensvolle Beziehung aufzubauen, haben Sie die Grundlagen für Ihre eigentlichen Führungsaufgaben im Arbeitsalltag geschaffen. Die Vertrauensbildung ist damit keinesfalls beendet, ganz im Gegenteil! Diese Vertrauensbeziehung zu pflegen, bleibt eine Ihrer Daueraufgaben als Führungskraft. Aber Sie wissen nun, was Ihre Mitarbeiter motivieren kann und wie Sie ihr Vertrauen gewinnen. Nun geht es darum, Ihre Mitarbeiter zu befähigen, dass sie ihre Aufgaben erledigen (können).

Diese Aufgabe hat zwei Aspekte. Zum einen geht es um die Frage, welche Fähigkeiten Ihre Mitarbeiter benötigen, um ihre Aufgaben erledigen zu können. Wie Sie also die richtigen Entwicklungsmaßnahmen definieren, die Ihren Mitarbeitern das Know-how an die Hand geben, die Anforderungen erfüllen zu können, die Sie an sie stellen.



M. Schmiedel, *Trust-based Leadership – Führen durch Vertrauen*,
DOI 10.1007/978-3-658-14875-1_3

Haben Sie dies geschafft, müssen Sie zum anderen beantworten können, wie Sie als Führungskraft dazu beitragen, dass Ihre Mitarbeiter ihre Arbeit wirklich erledigen – kurz: wie Sie delegieren und loslassen.

Damit Sie sich ein Bild machen können, wie es um die Handlungsfähigkeit Ihrer Mitarbeiter bestellt ist, bietet sich das Flow-Modell des Psychologen und Glücksforschers Mihaly Csikszentmihalyi an (Csikszentmihalyi 2015, Abb. 3.1).

Csikszentmihalyi hatte sich gefragt, wann Menschen glücklich sind und in ihrer Tätigkeit aufgehen. Er bezeichnet diesen Zustand des Versunkenseins, der vollständigen Konzentration auf das, was wir gerade tun, als Flow. In seinen Büchern schildert er zahlreiche Beispiele für diesen Flow-Zustand: Eines davon ist der Bergsteiger, der beim Klettern völlig in seiner Herausforderung aufgeht. Sie erinnern sich an das Bild der beiden Kletterer in der Einführung zu diesem Buch?

Folgende Bedingungen sind laut Csikszentmihalyi erforderlich, um in den Flow zu gelangen:

- Ein klares Ziel – zu wissen, wohin man will oder soll,
- Feedback – eine Rückmeldung darüber zu erhalten, welchen Wert die eigene Arbeit hat,
- dass die Herausforderung und die Fähigkeiten zusammenpassen,

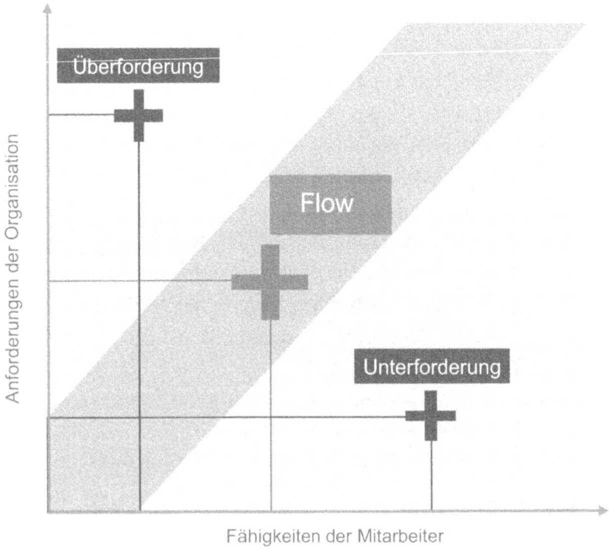


**Abb. 3.1** Flow-Modell. (Eigene Darstellung in Anlehnung an Csikszentmihalyi 2015)

- Konzentration auf die Tätigkeit – Ablenkungen nicht zuzulassen bzw. sie zu verdrängen,
- Fokus auf den Moment – alle sonstige Probleme zu verdrängen,
- das Gefühl, die Kontrolle zu besitzen,
- Selbstbewusstsein – sich keine Gedanken über das eigene Fremdbild zu machen,
- Transformation von Zeit – dass die Zeit wie im Flug vergeht.

Es ist nicht bewiesen, dass wir das Flow-Gefühl haben müssen, um erfolgreich zu sein. Allerdings ist klar: Erfolgreiche Menschen sind in der glücklichen Lage, häufig das zu tun, was ihnen Freude bereitet.

Was Ihren Erfolg als Führungskraft betrifft, betrachten wir nun vor allem den Aspekt, dass die Herausforderungen an Ihre Mitarbeiter deren Fähigkeiten entsprechen müssen. Wenn Ihre Mitarbeiter das tun können, was Sie von ihnen fordern, sind sie handlungsfähig.

Ihr Job als Führungskraft ist es, die Rahmenbedingungen zu schaffen, damit Ihre Mitarbeiter ihre Aufgaben bestmöglich erledigen können, und dass diese Aufgaben zu ihren Fähigkeiten passen. Denn zu große Anforderungen führen zu Überforderung und Stress, zu geringe Anforderungen zu Unterforderung – dieses Phänomen ist unter dem Begriff Boreout bekannt.

Als Führungskraft haben Sie einen großen Anteil daran, dass Ihre Mitarbeiter handlungsfähig sind und den Flow-Zustand erleben können. Denn es ist eine Ihrer herausragenden Aufgaben der Führungskraft, die Fähigkeiten Ihrer Mitarbeiter zu beurteilen und sie dementsprechend einzusetzen.

## 3.1 Stellenprofile und Funktionsbeschreibungen: Anforderungen an Mitarbeiter definieren

Bevor Sie die Fähigkeiten Ihrer Mitarbeiter beurteilen, sollten Sie zunächst genau wissen, welche Anforderungen Sie überhaupt an Ihre Mitarbeiter stellen. Diese Anforderungen zu definieren ist Ihre Aufgabe! Eine konkrete Beschreibung der Anforderungen an eine Position bzw. Funktion findet sich in der Regel in einer Stellen- und Funktionsbeschreibung.

Unserer Erfahrung nach werden gerade im Mittelstand und kleineren Organisationen Stellen- und Funktionsbeschreibungen nicht erfasst oder systematisch entwickelt – wenn sie überhaupt existieren. Stellen- und Funktionsbeschreibungen schaffen häufig überhaupt erst Klarheit darüber, welche Aufgaben Mitarbeiter erledigen, und welche Verantwortung sie dafür tragen sollen. Sind keine Stellen- oder Funktionsbeschreibungen vorhanden, sind diese Aufgaben und Verantwortungsbereiche nicht klar definiert. Und das führt leicht zu Chaos in der

Organisation und ist einer der häufigsten Gründe, warum Mitarbeiter destruktives Verhalten an den Tag legen und/oder innerlich kündigen.

Deshalb empfehlen wir dringend, für jede einzelne Position im Unternehmen eine Stellen- und/oder Funktionsbeschreibung zu erstellen. Dies gilt auch für kleinere Unternehmen, in denen die Mitarbeiter in der Regel eine deutlich höhere Flexibilität an den Tag legen müssen, als dies in großen Konzernen der Fall ist.

Die Anforderungen an Ihre Mitarbeiter leiten Sie aus den Unternehmenszielen ab, und brechen sie bis auf die individuelle Ebene Ihres Mitarbeiters herunter (vgl. Abb. 3.2). Dafür bietet sich folgende Hierarchisierung an:

- Unternehmensziele
- Bereichsziele
- Abteilungsziele
- Teamziele
- Individualziele

Streichen Sie die Hierarchieebenen, die in Ihrem Unternehmen nicht existieren, oder fügen Sie andere hinzu. Ihre Ziele bilden die Basis für die Strategie. Die Strategie verstehen wir als die Summe der Richtungsentscheidungen und Maßnahmen, die Sie ergreifen, um Ihre Ziele zu erreichen.

Führen Sie diesen Prozess konsequent durch, wird Ihnen schnell klar, welche Positionen im Unternehmen bzw. in Ihrem Verantwortungsbereich sinnvoll und

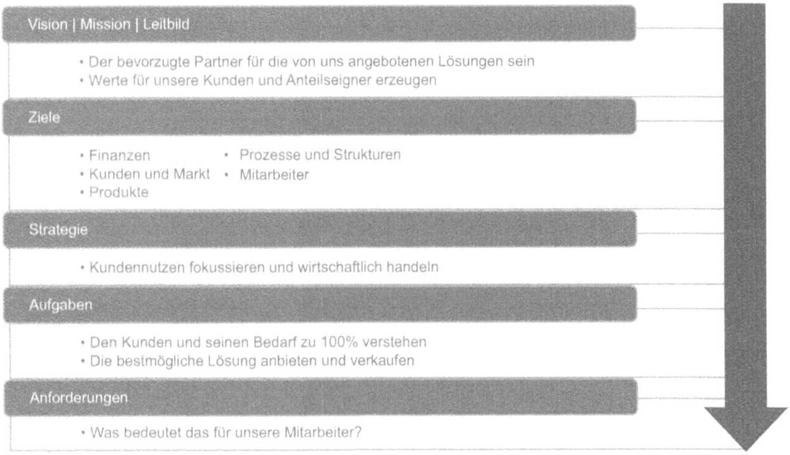


**Abb. 3.2** Ableitung von Anforderungen

notwendig sind und welche nicht. Sie leiten daraus ab, welche Anforderungen Sie auf der jeweiligen Ebene stellen. Auf der Individualebene ergeben sich Aufgabenpakete für einzelne Mitarbeiter. Diese wiederum münden in der konkreten Stellen- und Anforderungsbeschreibung an Ihre Mitarbeiter, ein Beispiel finden Sie in Tab. 3.1.

**Tab. 3.1** Beispiel für eine Stellenbeschreibung

| | |
|---|---|
| Position/Stellenbezeichnung | • Leiter Verkauf |
| Aktueller Stelleninhaber | • Max Mustermann |
| Übergeordnete Ziele der Stelle | • Erreichen der jährlich definierten Umsatz- und Deckungsbeitragsziele<br>• Verhältnis Neu- zu Bestandskunden 30:70<br>• Etablierung der Verkaufsabteilung als größtes Marktforschungsteam des Unternehmens<br>• Entwicklung der Verkaufsmitarbeiter zur Benchmark im Wettbewerb |
| Organisatorische Eingliederung/Abteilung | • Marketing und Vertrieb |
| Berichtet an/Vorgesetzter | • Geschäftsführer Marketing und Vertrieb |
| Mitarbeiterverantwortung | • Alle Verkäufer<br>• Alle Verkaufsassistenten |
| Wird vertreten von | • Stellvertretendem Leiter Verkauf |
| Vertritt | • Geschäftsführer Marketing und Vertrieb |
| Aufgaben | • Finanzen<br>• Kunden/Markt<br>• Produkte<br>• Prozesse/Strukturen<br>• Mitarbeiter |
| Schnittstellen intern | • Produktmanagement<br>• Controlling |
| Entscheidungskompetenz und Verantwortlichkeiten, Ermessungs-, Entscheidungs-, Gestaltungsspielräume | • Budget<br>• Personal<br>• Prokura<br>• i. A<br>• i.V |
| Anforderungen an die Fachkompetenz | (vgl. Abschn. 3.2) |
| Anforderungen an die Methodenkompetenz | |
| Anforderungen an die Haltung | |
| Anforderungen an die Persönlichkeit | |

Wie Sie Ihre Erkenntnisse aus der Stellenbeschreibung in das Erfolgstreiber-Kompetenzprofil überführen, erfahren Sie auf den folgenden Seiten.

## 3.2 Fähigkeiten von Mitarbeitern identifizieren

Mit dem Erfolgstreiber-Kompetenzprofil sind Sie in der Lage, die Stärken Ihrer Mitarbeiter differenziert wahrzunehmen und zu analysieren – und damit ihre Fähigkeit und Stärken zu bestimmen.

In Abschn. 2.1.5 haben Sie das Erfolgstreiber-Kompetenzprofil selbst genutzt, um Ihre eigenen Fähigkeiten zu bestimmen und herauszufinden, welche Identifikationsmöglichkeiten Sie Ihren Mitarbeitern anbieten können, damit sie Vertrauen zu Ihnen aufbauen können. Nun können Sie das gleiche Instrument anwenden, um die Fähigkeiten Ihrer Mitarbeiter genauer zu betrachten.

Das Erfolgstreiber-Kompetenzprofil eignet sich darüber hinaus für unterschiedliche Projekte und Aufgaben, zum Beispiel für Assessment Center, für die Standortbestimmung von Mitarbeitern (als Basis für die Entwicklung von Personalentwicklungsmaßnahmen oder für Beförderungen), für Coachings und Seminare.

„Kompetenz" bedeutet in diesem Zusammenhang die Fähigkeit, aufgrund von Fachwissen und methodischem Know-how sowie aufgrund der Haltung und der Persönlichkeit eine bestimmte Aufgabe zu lösen.

Diese vier Dimensionen sind geeignet, um Mitarbeiter ganzheitlich zu betrachten:

- Fachkompetenz: Was weiß der Mitarbeiter?
- Methodenkompetenz: Welche Werkzeuge besitzt der Mitarbeiter, um seine Aufgaben bewältigen zu können?
- Haltung: Wie verhält sich der Mitarbeiter im Umgang mit Kollegen, Vorgesetzten, Kunden etc.? Wie steht er zu seiner Tätigkeit?
- Persönlichkeit: Welche Aufgaben fallen dem Mitarbeiter aufgrund seiner Persönlichkeitsmerkmale besonders leicht?

Innerhalb dieser vier Dimensionen sind für jede Position jeweils fünf Kategorien definiert. So ergeben sich insgesamt 20 Kategorien, anhand derer Sie bestimmen können, wie groß die Wahrscheinlichkeit ist, dass Ihre Mitarbeiter Erfolg in ihrer Tätigkeit und Position haben (werden).

So sind beispielsweise die Anforderungen an einen Verkäufer zahlreich und komplex (Tab. 3.2). Der Vorteil des Erfolgstreiber-Kompetenzprofils liegt darin,

**Tab. 3.2** Dimensionen, Kriterien und Instrumente zur Standortbestimmung im Kompetenzprofil

| Dimensionen | Fachwissen | Methodik | Verhalten | Persönlichkeit |
|---|---|---|---|---|
| Kriterien | • Markt und Branche<br>• Kunden<br>• Wettbewerb<br>• Betriebswirtschaftliche Kenntnisse<br>• Unternehmen und Portfolio | • Bedarfsermittlung<br>• Argumentation und Einwandbehandlung<br>• Abschlussorientierung und Preisverhandlung<br>• Vertriebsmanagement<br>• Selbstmanagement | • Transparenz und Sichtbarkeit<br>• Einzigartigkeit<br>• Verantwortungsbewusstsein<br>• Positive Einstellung<br>• Verbindlichkeit und Glaubwürdigkeit | • Emotionale Stabilität<br>• Extraversion<br>• Offenheit für Erfahrung<br>• Gewissenhaftigkeit<br>• Verträglichkeit |
| Standortbestimmung über Instrument | • Prüfungen<br>• Abfragen<br>• Tests | • Strukturierte Interviews<br>• Fallstudien<br>• Situative Fragen<br>• Rollenspiele | • Strukturierte Interviews<br>• Fallstudien<br>• Situative Fragen<br>• Rollenspiele | • Strukturierte Interviews<br>• Fallstudien<br>• Situative Fragen<br>• Rollenspiele<br>• Psychometrische Tests |

dass es diese Anforderungen ganzheitlich darstellt. Für andere Positionen können Sie die Anforderungen individuell anpassen.

Das Fachwissen Ihres Mitarbeiters ist relativ leicht zu ermitteln. Sie fragen beispielsweise:

- Was wissen Sie über unsere Kunden?
- Wie schätzen Sie die Marktentwicklung ein?
- Wie sehen Sie unser Produktportfolio im Vergleich zum Wettbewerb?

In der Dimension Methodenkompetenz können Sie mit konkreten Hypothesen und Beispielen arbeiten:

- Nehmen wir an, es ist Ihr erster Arbeitstag bei uns. Was machen Sie als erstes?
- Wie planen Sie strategisch Ihre Verkaufsaktivitäten in Ihrem Vertriebsgebiet?
- Wie reagieren Sie auf Kundenbeschwerden?

Bei der Dimension Haltung kommt es auf die Frage an, ob Ihr Mitarbeiter die richtige Einstellung für seine (zukünftigen) Aufgaben mitbringt:

- Wie wichtig ist Ihnen Transparenz?
- Mit welcher Einstellung fahren Sie zu einem wichtigen Kundentermin?
- Wie schaffen Sie es, Ihre Versprechen gegenüber Ihren Kunden und Kollegen einzuhalten, wenn Sie viel zu tun haben und unter Druck stehen?

In der Dimension Persönlichkeit beantworten Sie die Frage, welche Aufgaben Ihrem Mitarbeiter besonders leichtfallen:

- Wie (schnell) erholen Sie sich von Niederlagen?
- Gehen Sie gerne auf andere Menschen zu?
- Beschäftigen Sie sich gerne mit neuen Ideen?

**Exkurs: Rollenspiele**
Haben Sie Rollenspiele schon in Vorstellungs- oder Beurteilungsgesprächen eingesetzt? Ich bin ein großer Anhänger davon. Ein Vorteil dieses Instruments liegt darin, dass Sie mit geringem Aufwand realistische Gesprächssituationen simulieren können. Ihr Gesprächspartner und Sie selbst finden sich sehr schnell in einem Zustand, in dem Sie Ihre Umgebung ausblenden und sich so verhalten, wie Sie in einem „echten" Gespräch handeln würden. In Tab. 3.3 finden Sie einen Leitfaden für den Aufbau eines Rollenspielszenarios.

**Tab. 3.3** Leitfaden für den Aufbau eines Rollenspielszenarios

| Definition des Szenarios | Beispiel |
|---|---|
| Gesprächsziel | Welches Ziel soll Ihr Mitarbeiter verfolgen? |
| Thema/Inhalt/Schwerpunkt | Erstkontakt oder Bestandskunde<br>Bedarfsermittlung<br>Eine Preiserhöhung durchsetzen<br>Ein neues Produkt vorstellen<br>Umgang mit Beschwerden und Einwänden |
| Rollenverteilung | Welche Rolle spielen Sie?<br>Welche Rolle spielt Ihr Mitarbeiter?<br>Gibt es noch weitere Teilnehmer? |
| Ort | Treffen Sie sich beim Kunden, beim Verkäufer oder an einem anderen Ort? |
| Dauer | Wie viel Zeit planen Sie für das Gespräch ein? |

Der andere Vorteil besteht darin, dass Sie mit einem Rollenspiel sehr gut analysieren können, wie es bei Ihrem Mitarbeiter um Fachwissen, Methodenkompetenz, Haltung und Persönlichkeit steht. So finden Sie beispielsweise heraus, wie sehr er sich bereits mit Ihrem Unternehmen beschäftigt hat, ob und wie Ihr Mitarbeiter den Kundenbedarf ermittelt, wie er auf Fragen nach Preisnachlässen reagiert oder inwiefern er in der Lage ist, sich auf neue Gesprächssituationen einzustellen.

Sie müssen im Vorfeld eines Rollenspiels Ihre eigenen Ziele für das Rollenspiel genau definieren, um aussagekräftige Ergebnisse zu ermitteln, was die Ausprägung der Dimensionen bei Ihrem Mitarbeiter betrifft: Achten Sie eher auf sein vorhandenes Wissen, die Technik in seiner Gesprächsführung (→ Methodenkompetenz, Bedarfsermittlung), oder achten Sie darauf, ob Ihr Mitarbeiter in einer kritischen Gesprächssituation Zeichen von Verunsicherung zeigt (→ Persönlichkeit, emotionale Stabilität)?

Als geübter Rollenspieler werden Sie in der Lage sein, mehrere Dimensionen gleichzeitig erfassen zu können. Trotzdem ist es sinnvoll, eine dritte Person als Beobachter oder als weiteren Gesprächspartner hinzuzuziehen. Wichtig ist, dass Sie im Vorfeld das Szenario klären:

- Um was geht es?
- Wer sind die Gesprächspartner?
- Was ist das eigentliche Ziel des Gesprächs?
- Wo treffen Sie sich?
- Wie lange soll das Gespräch dauern?

Mit den Instrumenten der Standortbestimmung ermitteln Sie den aktuellen Status der Fähigkeiten Ihres Mitarbeiters. Bewerten Sie ihn, wie Sie sich im zweiten Kapitel selbst bewertet haben, auf einer Skala von 1 bis 10. Hierbei schlage ich folgende Differenzierung vor:

1. Soll: Markieren Sie die Anforderungen an Ihren Mitarbeiter in der jeweiligen Kategorie.
2. Ist (Fremdbild): Notieren Sie Ihre Erkenntnisse aus der Standortbestimmung.

Aus dem Unterschied zwischen Soll und Ist leiten Sie notwendige Entwicklungsmaßnahmen für Ihre Mitarbeiter ab.

Erfahrene Führungskräfte und Personaldiagnostiker können darüber hinaus das Potenzial des Mitarbeiters einschätzen. Gleichzeitig können Sie das Kompetenzprofil für Ihr Mitarbeitergespräch nutzen (vgl. Abschn. 3.7 und 3.8) und so Fremdbild und Selbstbild Ihres Mitarbeiters miteinander vergleichen.

Im Anhang (Abb. 7.5 bis 7.8) finden Sie ein grafisches Beispiel für ein Erfolgstreiber-Kompetenzprofil im Rahmen der Standortbestimmung.

## 3.3 Stärken stärken

Ich bin fest davon überzeugt, dass jeder Mitarbeiter Stärken hat. Diese Stärken müssen nur richtig eingesetzt werden. Wenn Sie die Stärken eines Mitarbeiters in Ihrem Unternehmen nicht nutzen können, dann trennen Sie sich bitte von ihm. Das schmerzt kurzfristig, ist aber langfristig besser für beide Seiten.

Leider lernen wir schon früh, uns auf unsere Schwächen zu konzentrieren und sie bestenfalls auszubügeln. Was hat mir das in der Schule geholfen? Ich konnte mit intensiver Nachhilfe und viel Aufwand wenigstens eine 5 in Mathematik im Abiturzeugnis verhindern. Viel lieber hätte ich mich intensiver mit Geschichte und Politik beschäftigt, zwei Fächer, für die ich mich deutlich mehr interessierte. Es wäre mir wahrscheinlich deutlich leichter gefallen, hier eine noch bessere Note zu erreichen, wenn ich mich nicht mit unverständlichen mathematischen Formeln und Gesetzen auseinandersetzen hätte müssen. Ein praktisches Beispiel verdeutlicht das Problem:

$$4 + 4 = 8$$
$$5 + 3 = 7$$
$$2 + 6 = 8$$
$$7 + 1 = 8$$

Ihnen fällt wahrscheinlich sehr schnell der Fehler ins Auge – und nicht die drei richtigen Gleichungen. Das zeigt, dass wir darauf geeicht sind, eher auf Fehler zu achten, als unsere Aufmerksamkeit auf das Positive zu richten. Wenn wir uns stattdessen darauf konzentrieren, unsere Schwächen auszubügeln, werden wir bestenfalls Mittelmaß erreichen.

Genauso ergeht es Ihrem Unternehmen und Ihren Mitarbeitern. Sie wissen aus eigener Erfahrung, dass jedes Unternehmen Mitarbeiter hat, die sich in ihrer Leistungsfähigkeit unterscheiden.

Angenommen, die Leistungsfähigkeit von Mitarbeitern verteilt sich wie in der Gauß'schen Normalverteilung in einer Glockenform, dann ergibt sich folgendes Bild:

- Die Leistungsfähigkeit von ca. zwei Drittel der Mitarbeiter entspricht in etwa dem Mittelwert, ist also durchschnittlich.

- Jeweils ca. ein Sechstel der Mitarbeiter zeigt Leistungen, die deutlich unter oder über dem Mittelwert liegen, also unterdurchschnittliche oder überdurchschnittliche Leistungen.

Angesichts des ungünstigen Verhältnisses zwischen Aufwand und Ertrag sowie der knappen Ressourcen in Ihrem Unternehmen scheint es wenig sinnvoll, die Mitarbeiter mit unterdurchschnittlichen Leistungen so zu fördern, dass sie ein durchschnittliches Leistungsniveau erreichen. Dagegen ist es für Unternehmen nützlicher und geradezu existenziell, Energie, Geld und Zeit in diejenigen Mitarbeiter zu investieren, die ihre Arbeit besser erledigen als der Durchschnitt.

Für Ihr Unternehmen bedeutet das, unabhängig davon, ob Sie Qualitäts- oder Preisführer in Ihrem Markt sein wollen (Weiss 2013): Wenn Ihnen „Exzellenz" und „Leistungsführerschaft" im Vergleich zu Ihrem Wettbewerb wichtig sind, dann müssen Sie die Stärken Ihrer leistungsfähigsten Mitarbeiter stärken. Setzen Sie diese Mitarbeiter dort ein, wo sie exzellent werden können. Entlasten Sie diese Mitarbeiter von Aufgaben, die nicht zu ihnen passen oder, mit deren Zielen sie sich nicht identifizieren können.

Das heißt nicht, Mitarbeiter mit unterdurchschnittlicher Leistungsfähigkeit loszuwerden. Denn mit Sicherheit gibt es Gründe dafür, dass solche Mitarbeiter nur unterdurchschnittliche Leistungen zeigen. Vielleicht liegt es ja auch an ihrer Führungskraft! Auch diese Mitarbeiter haben ihre Stärken, und diese zu identifizieren und dann entsprechend einzusetzen, ist eine schwierige, aber sehr wichtige Aufgabe für Führungskräfte. Finden Sie heraus, worin Ihre Mitarbeiter stark sind. Denn vielleicht gibt es andere Positionen in Ihrem Unternehmen, in denen diese Mitarbeiter erfolgreicher und glücklicher werden. Auch Sie profitieren als Führungskraft von solchen Maßnahmen!

Sehen Sie selbst nach eingehender Prüfung keine Position in Ihrem Unternehmen, die zu den Fähigkeiten und Stärken eines Mitarbeiters passt, dann müssen Sie mit ihm über andere Optionen und eine einvernehmliche Lösung sprechen. Das kann bedeuten, dass Sie sich von ihm trennen.

Nach meiner Erfahrung ist es für beide Seiten besser, wenn Mitarbeiter und Arbeitgeber getrennte Wege gehen, anstatt sich jahrelang gegenseitig mit geballter Faust in der Tasche zu begegnen. Mitarbeiter werden auf Dauer krank, und das Unternehmen verschwendet seine Ressourcen.

Dass eine Trennung auch von einem Mitarbeiter als Befreiung empfunden werden kann, erlebte ich selbst in einem Unternehmen, in dem ich als Verkaufsleiter neu einstieg. Schon nach kurzer Zeit spürte ich, dass eine meiner Mitarbeiterinnen mit ihrer Tätigkeit haderte, denn sie war (von meinem Vorgänger) für eine Position im Verkauf eingestellt worden. Ihr fehlte dafür aber jegliche Freude im Umgang mit anderen Menschen. Allein die morgendliche Begrüßung der Kollegen war für sie ein Spießrutenlauf. Und ausgerechnet sie sollte wildfremde Menschen am Telefon anrufen! Für sie bedeutete das, jeden Tag gegen ihre Schwäche ankämpfen zu müssen. Diesen Kampf konnte ich ihr förmlich jeden Tag an Mimik und Gestik ablesen.

Die Situation war nicht nur schlimm für die Mitarbeiterin, sie war auch für das Unternehmen und mich untragbar. Da sie sich noch in der Probezeit befand, konnte ich ihr in einem vertraulichen Gespräch erläutern, warum ich der Meinung war, dass sie an einer anderen Stelle besser aufgehoben wäre. Das Ergebnis: Sie hat sich bei mir bedankt! Anscheinend fiel in diesem Moment, so deutete ich ihre Körpersprache, eine zentnerschwere Last von ihr ab. Am Ende unseres Gespräches sah ich die Kollegin das erste Mal unbeschwert lächeln.

Denken Sie daran: Wenn Sie mit exzellenten Mitarbeitern exzellente Ergebnisse erzielen wollen, dann liegt Ihre Aufgabe darin, herauszufinden, wie Sie die Stärken Ihrer Mitarbeiter am besten nutzen können. Vermeiden Sie es, sich auf die Schwächen Ihrer Mitarbeiter zu konzentrieren!

Wenn einer Ihrer Mitarbeiter bereits Stärken offenbart, dann betonen Sie diese und ermutigen Sie ihn, diese Stärken zu nutzen. Sorgen Sie dafür, dass Ihre Mitarbeiter ihr volles Leistungspotenzial entfalten und exzellent werden in dem, was sie gern tun!

## 3.4 Mitarbeiter mit gezielten Maßnahmen fördern

Wenn Sie ermittelt haben, in welchen Bereichen Maßnahmen der beruflichen Weiterentwicklung für einen Mitarbeiter sinnvoll erscheinen, können Sie diese Maßnahmen konzipieren. Dabei ist es wichtig, die individuellen Stärken, Fähigkeiten und Bedürfnisse jedes Mitarbeiters weitgehend zu berücksichtigen. Jedem Mitarbeiter eine individuelle, hundertprozentig auf seine Bedürfnisse zugeschnittene Maßnahme zu ermöglichen, dürfte nicht immer gelingen.

Zumindest aber bei der Zusammenstellung von Seminargruppen sollten Sie auf die Bedürfnisse Ihrer Mitarbeiter eingehen. Beispiel: Einer Ihrer Mitarbeiter beherrscht Präsentationstechniken bereits sehr gut. In einem Seminar zu den Grundlagen der Präsentation wäre er sehr schnell gelangweilt und würde die Veranstaltung als Zeitverschwendung betrachten. Stattdessen wäre es für diesen Mitarbeiter sinnvoll, ihn vor eine besondere Herausforderung zu stellen. Das könnte so aussehen: Für das Grundlagen-Seminar der Kollegen bereitet er zusammen mit dem Seminarleiter seine bisher beste Präsentation vor und optimiert sie, um seinen Kollegen zu Beginn des Seminars seine Leistung als Benchmark zu präsentieren.

Dieser Kniff würde die ohnehin vorhandene Stärke des Mitarbeiters noch weiter steigern, er selbst hätte viel Spaß an der Herausforderung, seine Kollegen hätten ein Vorbild, dem sie nacheifern könnten, Sie hätten einen Mitarbeiter, der zusätzlich motiviert ist. Kurz: Allen, vor allem dem Unternehmen, wäre geholfen!

Die unterschiedlichen Dimensionen des Erfolgstreiber-Kompetenzprofils bieten ein breites Spektrum an Maßnahmen für die berufliche Weiterentwicklung von Mitarbeitern (vgl. Tab. 3.4).

Am einfachsten verhält es sich mit dem Ausbau bzw. der Vertiefung des **Fachwissens** eines Mitarbeiters. Hier sind vor allem Zeit, die der Mitarbeiter in einem Aufgabenbereich verbringt (im Sinne von Erfahrung, die er sammelt), seine fachliche Aus- und Fortbildung (Wissen in Bezug auf ein Sachthema) sowie Literatur und Recherche zu diesem Thema wichtige Ressourcen, um seine Fachkompetenz zu stärken.

Hinsichtlich der **Methodenkompetenz** ist der Aufwand größer, der notwendig ist, damit ein Mitarbeiter exzellent wird. Neben dem Know-how, den Sie als Führungskraft, Dozenten, Trainer oder Coaches vermitteln, kommt es insbesondere auf die Lernbereitschaft des Mitarbeiters an, darauf, dass er viel trainiert und übt.

**Haltung** und **Persönlichkeit** sind für Erfolg im Beruf besonders wichtig. In früheren Zeiten als „Soft Skills" abwertend beschrieben, gelten heute die Verhaltensmuster und Persönlichkeitsmerkmale eines Mitarbeiters als grundlegende Bedingungen für Erfolg im Beruf. Verhaltensmuster oder Persönlichkeitsmerkmale zu verändern erfordert einen hohen Ressourceneinsatz, sowohl in Bezug auf Zeit als auch finanzielle Mittel. Hier reicht es nicht, ein Buch zu lesen, ein Video zu schauen oder ein Seminar zu besuchen. Vielmehr ist es erforderlich, individuelle, intensive Maßnahmen mit der betreffenden Person durchzuführen. Einen großen Anteil nimmt hierbei die Reflexion über aktuelle Verhaltenstendenzen ein.

Wir sorgen bei Erfolgstreiber in den Personalentwicklungsmaßnahmen und Seminaren mithilfe verschiedener didaktischer Ansätze dafür, dass unsere Teilnehmer von einem nachhaltigen Lernerfolg profitieren. So gewährleisten wir, dass der Transfer

**Tab. 3.4** Überblick über Entwicklungsmaßnahmen

| Dimension | Fachwissen | Methodik | Haltung | Persönlichkeit |
|---|---|---|---|---|
| Entwicklungsmaßnahmen | Erfahrung sammeln<br>Fachliche Ausbildung<br>Literatur und Recherche<br>Anweisung | Erlernen und Üben von Kommunikations- und Managementinstrumenten in Seminaren, Webinaren und Coachings | Reflexion über Rolle und Aufgaben, Verhaltenstendenzen sowie Erkennen und Auflösen blockierender Muster im individuellen Coaching und Mentoring | |

des neu erworbenen Wissens und Know-hows in den konkreten Arbeitsalltag unserer Teilnehmer gelingt.

## 3.5 Delegieren und loslassen

Waren die Maßnahmen der beruflichen Weiterentwicklung erfolgreich, können die Mitarbeiter ihre Aufgaben mit ihren Fähigkeiten souverän erledigen und so endlich ihr volles Potenzial ausschöpfen! Dann ist doch alles gut, oder?

Nein. Denn ein Mitarbeiter, der seine Leistungsfähigkeit steigert, braucht eine Führungskraft, die bereit und fähig ist, Aufgaben und Verantwortung zu delegieren.

Delegieren, also Aufgaben und Verantwortung an Mitarbeiter zu übertragen, ist in vielen Unternehmen ein schwieriges Thema. Genauer formuliert: Es wird schwierig gestaltet, obwohl es sich einfach bewerkstelligen ließe.

Ich habe es selbst häufig erlebt, aber nie verstanden: Warum werden eigentlich die fachliche und die disziplinarische Verantwortung von Führungskräften voneinander getrennt? Meine Erfahrung als Mitarbeiter, als Vorgesetzter oder als Berater in Projekten ist: Diese Trennung führt immer wieder dazu, dass Führungskräfte mit fehlender Akzeptanz seitens ihrer Mitarbeiter kämpfen müssen (siehe nachfolgendes Beispiel).

Mitarbeiter und Führungskräfte leben mit klaren Regeln einfacher und leichter. Insbesondere die Frage, ob Ihre Mitarbeiter mit Ihnen über alles beruflich Relevante sprechen können, ist dabei entscheidend. Oder gibt es unklare Regelungen, was die Ansprechpartner anbelangt? Müssen Ihre Mitarbeiter bei Fragen zu Urlaubsregelungen in die Personalabteilung gehen, während Sie als Vorgesetzter „nur" ihr fachlicher Coach sind? Können Sie als Führungskraft allein entscheiden, welcher Ihrer Mitarbeiter ein Projekt übernimmt, befördert wird oder eine Gehaltserhöhung erhält?

Angenommen, Sie werden zum Leiter des Außendienstes ernannt. Sie sollen die Kollegen „begleiten und coachen". Die Umsatz- und die Personalverantwortung für die Kollegen verbleibt jedoch „vorsichtshalber" beim Geschäftsführer, denn der will Sie ja nicht „ins kalte Wasser werfen".

Trotz Ihrer Nachfragen ändert sich nichts an dieser Aufteilung von Verantwortung. Die Mitarbeiter wissen natürlich von dieser Situation und nutzen sie schamlos aus. Ihre Mitarbeiter akzeptieren Sie in der Rolle des freundlichen Mentors, mit dem sie das Gespräch und den Austausch suchen. Aber immer, wenn es um Provisionsabrechnungen geht, um eine Gehaltserhöhung, Urlaub oder einen neuen Dienstwagen, wenden sich Ihre Mitarbeiter an den wirklichen Chef. Und der ist natürlich froh, dass er weiterhin gebraucht wird.

Anders formuliert: Der Geschäftsführer will sich nicht von seiner Umsatz- und Personalverantwortung trennen und/oder traut Ihnen diesen Teil Ihrer Stellenbeschreibung (noch) nicht zu. Kurz: Der Geschäftsführer vertraut Ihnen nicht. Er kann und will nicht loslassen.

Natürlich ist es sinnvoll, mit entsprechenden Maßnahmen auf Führungsaufgaben vorbereitet zu werden. Für den Beginn einer Tätigkeit als neue Führungskraft, die bisher nicht im Unternehmen tätig war, bietet sich zum Beispiel ein Stufenverfahren an, nach dem sich eine Führungskraft zunächst in ihren fachlichen Arbeitsbereich einarbeitet und dann erst die disziplinarische Verantwortung übertragen bekommt. Dafür müssen die Zeiträume in diesem Verfahren klar definiert sein und transparent kommuniziert werden.

Doch grundsätzlich gilt: Nur im Wasser lernen auch Führungskräfte wirklich schwimmen. Nur, wenn Sie die Umsatz- und Personalverantwortung übertragen bekommen, werden die Kollegen Sie schnell als Chef akzeptieren.

Was passiert zum Beispiel, wenn Sie im Tagesgeschäft ein schweres Fehlverhalten eines Mitarbeiters bemerken, das Sie mit entsprechenden Disziplinarmaßnahmen schnell korrigieren könnten? Leider sind Sie nur fachlich vorgesetzt, deswegen dürfen Sie selbst nicht eingreifen. Vielmehr müssen Sie ihn beim Geschäftsführer anschwärzen. So gefährden Sie in hohem Maße das Vertrauen, das bisher vielleicht zwischen Ihnen und Ihrem Mitarbeiter herrschte. Wenn Sie hingegen die volle Verantwortung übertragen bekommen haben, sind Sie in der Pflicht, die notwendige Korrektur selbst vorzunehmen. Dass Sie dazu auch in der Lage sind, war hoffentlich Teil Ihrer Vorbereitung auf die Position.

Wenn Abteilungsleiter fachliche und disziplinarische Verantwortung erfolgreich an ihre Teamleiter delegieren, entlasten sich diese Führungskräfte selbst spürbar. Wie viele Führungskräfte gibt es, die keine Verantwortung abgeben und trotzdem entspannt in den Urlaub fahren? Keine. Ich kenne genug Geschichten, in denen nicht autorisierte Mitarbeiter ihre Chefs im Urlaub angerufen haben, um deren Entscheidungen zu erfragen. Wie viele Geschäftsführer und Führungskräfte haben ihren Urlaub schon abgebrochen, um ihre Mitarbeiter bei dringenden und wichtigen Terminen zu „unterstützen“?

Sorgen Sie dafür, dass Ihre Mitarbeiter die Verantwortung für ihren eigenen Aufgabenbereich tragen. So sorgen Sie für Zufriedenheit – die Ihres Mitarbeiters und Ihre eigene.

Um delegieren und loslassen zu können, braucht es immer zwei: die Führungskraft und ihren Mitarbeiter. Auf beiden Seiten geht es um die Frage des Könnens, Wollens und Dürfens. Dabei spielen die folgenden Faktoren eine Rolle (vgl. Abb. 3.3):

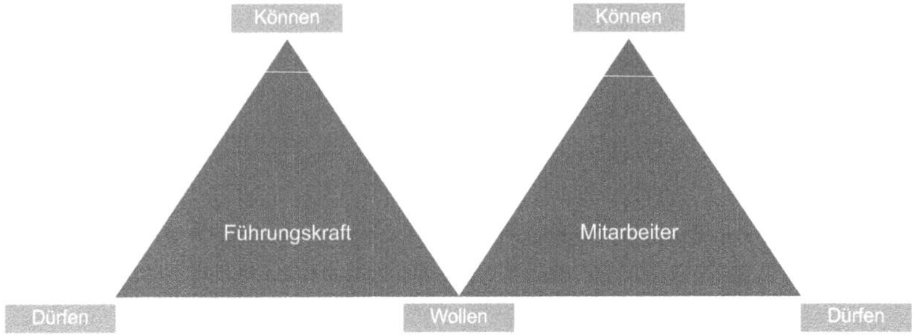


**Abb. 3.3** Delegieren und Loslassen. (Becker 2007)

- **Können:**
  - Fähigkeiten/Kompetenzen
  - Erfahrung, Wissen, Intuition
- **Wollen:**
  - Aufwand-/Nutzen-Verhältnis (Was bringt es der Führungskraft, eine Aufgabe zu delegieren? Was bringt es dem Mitarbeiter, eine Aufgabe von der Führungskraft zu übernehmen? Lohnt sich der Aufwand für beide?)
  - Bedürfnisse, Interessen und Motive
- **Dürfen:**
  - Regeln und Normen
  - Kompetenzrahmen
  - Entscheidungsspielraum

**Daraus ergeben sich für Führungskräfte folgende Fragen:**

- *Kann* die Führungskraft delegieren? Kann sie eindeutige und explizite Botschaften an den Mitarbeiter richten? Ist sie in der Lage, loszulassen und das Feld dem Mitarbeiter zu überlassen? Lässt sie ihren Mitarbeiter an ihren Erfahrungen teilhaben?
- *Will* die Führungskraft delegieren und loslassen? Hat sie ihre Führungsaufgabe angenommen und will, dass sich ihre Mitarbeiter weiterentwickeln?
- *Darf* die Führungskraft delegieren? Vielleicht hat sie ja ihrerseits von ihrem Chef eine spezielle Aufgabe aufgetragen bekommen, in dem Vertrauen darauf, dass sie diese selbst erledigt und nicht an einen Mitarbeiter weitergibt.

**Für Mitarbeiter ergeben sich die folgenden Fragen:**

- *Kann* der Mitarbeiter die Aufgabe übernehmen? Wenn Sie eine Standortbestimmung mit dem Mitarbeiter absolviert und ihn durch Maßnahmen der beruflichen Weiterentwicklung vielleicht sogar schon an die Übernahme der Aufgabe herangeführt haben, hat er möglicherweise ausreichend Kompetenzen dafür erworben. Prüfen Sie auf jeden Fall, ob Sie vielleicht nur eingeschränkt delegieren können, zum Beispiel, weil Ihr Mitarbeiter nicht die erforderlichen Kompetenzen besitzt.
- *Will* der Mitarbeiter die Aufgabe übernehmen? Ist er intrinsisch motiviert? Obacht: In einer belastbaren, von gegenseitigem Vertrauen geprägten Beziehung darf ein Mitarbeiter auch „nein" sagen zu Aufgaben, die ihm nicht liegen oder die seine Ressourcen übersteigen.
- *Darf* der Mitarbeiter die Aufgabe übernehmen? Manchmal verhindern rechtliche oder hierarchische Regelungen, dass Führungskräfte bestimmte Aufgaben delegieren. Auch sicherheitsbezogene Aspekte wie der Zugang zu bestimmten Dokumenten, geschützten Bereichen in Computer- oder Serverzentren oder Kernkraftanlagen können dabei eine Rolle spielen. Klären Sie das im Vorfeld!

**Fragen Sie sich selbst:**

- Haben Sie selbst schon einmal als Mitarbeiter erlebt, dass Ihre Führungskraft nicht eigenständig entscheiden konnte? Welche Auswirkungen hatte das?
- Haben Sie selbst schon einmal die Situation erlebt, dass Sie keine Entscheidungen treffen konnten, ohne Rücksprache mit Ihrem Vorgesetzten zu halten?
- Wie reagieren Mitarbeiter auf die Aussage „Ich verstehe Ihren Punkt, kann es aber nicht alleine entscheiden.", wenn diese häufig wiederholt wird und auch langfristig keine Entscheidungen getroffen werden?

**Die vier Stufen der Kompetenz**

Wir alle kennen das: Eine Aufgabe zu delegieren und dann festzustellen, dass diese Aufgabe nicht so erledigt wurde, wie wir uns das wünschen. Und dann schießt uns sofort dieser Gedanke durch den Kopf: „Hätte ich das doch lieber selbst gemacht."

Woran liegt es, dass Delegieren manchmal nicht funktioniert und zu dem Erfolg führt, den wir uns vorstellen? Zum einen ist mangelnde Kommunikationsfähigkeit beim Sender und/oder beim Empfänger dafür verantwortlich (vgl. Abschn. 2.3.2).

Damit Delegieren funktioniert, muss ein Mitarbeiter zum anderen die Aufgabe auch erledigen können. Das bedeutet: Er muss in der Lage sein, die Aufgabe zu verstehen und umzusetzen. Ist das nicht der Fall, ist es Ihre Aufgabe als Führungskraft, ihn entsprechend weiterzuentwickeln.

Um zu klären, ab wann die Übertragung von Aufgaben und Verantwortung auf einen Mitarbeiter möglich und sinnvoll ist, bietet sich das Lernmodell der vier Kompetenzstufen an (vgl. Abb. 3.4).

Angewendet auf ein alltägliches Beispiel, das Autofahren, bedeutet das: Ein kleines Kind, nennen wir es Martin, sieht seinen Vater Auto fahren. Martin ist sehr beeindruckt und möchte unbedingt ein Auto haben. Da er noch nie selbst Auto gefahren ist, weiß Martin nicht, dass er das Autofahren erst üben muss. Zu diesem Zeitpunkt befindet er sich auf Stufe 1, der unbewussten Inkompetenz: Martin weiß nicht, dass er nicht Auto fahren kann.

Zu seinem 18. Geburtstag schenken Martins Eltern ihm tatsächlich ein Auto, und so steigt er begeistert ein, will losfahren – und merkt, dass er nicht weiß, wie er sein Auto startet. Martin muss also zur Kenntnis nehmen, dass er offenbar nicht Auto fahren kann. Er befindet sich auf der zweiten Stufe der bewussten Inkompetenz: Er weiß jetzt, dass er nicht Auto fahren kann.

Martin besucht deswegen eine Fahrschule. Nach und nach lernt er die wichtigen Handgriffe und Abläufe, kann den Straßenverkehr einschätzen und macht

**Abb. 3.4** Vier Stufen der Kompetenz. (Eigene Darstellung in Anlehnung an Oerter und Montada 2002)

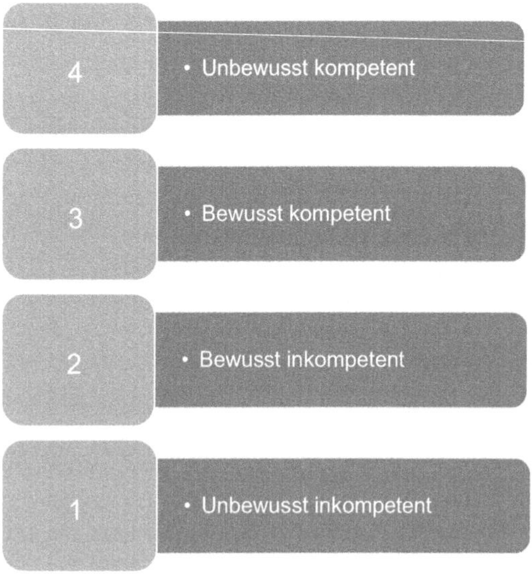

schnell Fortschritte. Es kostet Martin noch einiges an Konzentration, aber schließlich kann er sicher Auto fahren. Martin ist nun auf der dritten Stufe der bewussten Kompetenz: Er weiß, dass er Auto fahren kann und wie er es in Bewegung setzt.

Das Autofahren macht Martin großen Spaß, und je mehr er fährt, desto sicherer wird er. Nach einiger Zeit ist Martin so sicher, dass er sich nicht mehr darauf konzentrieren muss. Er kann sich während der Fahrt unterhalten, Radio hören oder telefonieren (natürlich über die Freisprecheinrichtung). Die Stufe 4, die unbewusste Kompetenz, ist erreicht, in der seine Fähigkeit, Auto zu fahren, hauptsächlich vom Unterbewusstsein gesteuert wird. Martin denkt nicht mehr aktiv darüber nach, ob er Auto fahren kann – er macht es einfach.

Natürlich können Sie an einem Mitarbeiter, der auf der untersten Kompetenzstufe dieses Modells steht, also unbewusst inkompetent ist, keine Aufgaben übertragen. Sie müssen ihn vielmehr an die Hand nehmen, begleiten und ständig kontrollieren. Für Stufe 2, der bewussten Inkompetenz, liefern Praktikanten und Auszubildende gute Beispiele. Manche Auszubildende meinen zwar schon zu wissen, wie der Hase läuft. Doch am Ende stellt sich dann doch oft heraus, dass sie nicht genau nachgefragt haben, wie sie denn eine Aufgabe hätten angehen sollen.

Stellen Sie sich folgende Situation vor: Sie sind Führungskraft und beauftragen einen Berufseinsteiger in ihrem Team, eine PowerPoint-Präsentation zu erstellen, mit der auf dem Jahresempfang die neuen Mitarbeiter begrüßt werden sollen. Ihr Neuling ist enorm motiviert und gibt sich alle Mühe, eine aus seiner Sicht glanzvolle Präsentation zu basteln und benötigt entsprechend viel Zeit. Auf der Liste befinden sich 23 Namen, und so baut er 23 Folien mit Vor- und Nachnamen, die mit großartigen Animationseffekten auf den Folien herumwirbeln. Als gute Führungskraft, die ziel- und nicht aufgabenorientiert führt, haben Sie sich zurückgezogen, nachdem Sie Ihrem jungen Mitarbeiter die Aufgabe übertragen hatten. Als er Ihnen ganz stolz sein Werk zeigt, sind Sie selbstverständlich erstaunt, schließlich sind Sie davon ausgegangen, dass Ihr Mitarbeiter einfach die Namen auf einer Folie untereinander auflistet – 23 Namen auf einer Folie statt 23 Folien mit jeweils einem Namen. Was dachte Ihr Mitarbeiter? „Ich kann das, und ich will meinen Chef beeindrucken!“ Was haben Sie als Führungskraft nicht bedacht? Dass Sie mit dieser einfachen Aufgabenstellung so danebenliegen könnten. Das Beispiel zeigt nicht nur, dass die Kompetenzstufe eine Rolle spielt, sondern auch die Notwendigkeit und Fähigkeit, explizit zu kommunizieren.

Befindet sich ein Mitarbeiter auf der dritten Stufe der Kompetenz, können Sie Aufgaben delegieren. Allerdings empfiehlt es sich dabei, das Ergebnis (Bist Du sicher angekommen?) und den Weg dahin zu kontrollieren (Wie hast Du etwas gemacht?).

Gehen wir zurück zum Autofahrer-Novizen Martin. Natürlich sind die Eltern besorgt, wenn er das erste Mal ohne Fahrlehrer und erfahrenen Begleiter ein Auto steuert. Natürlich fragen sie sich, welchen Weg Martin zu seinem Ziel genommen hat, wie er den Weg gemeistert hat und natürlich, ob das Auto und sein Fahrer in Ordnung sind.

Ist Ihr Mitarbeiter auf der obersten Kompetenzstufe angekommen, reicht es, die Ergebnisse seiner Arbeit zu kontrollieren. Haben Sie genug Vertrauen in ihn und seine Kompetenzen, ist es bei alltäglichen Aufgaben nicht mehr notwendig zu wissen, wie er seine Ergebnisse erzielt. Es ist nur wichtig, dass er die Aufgaben wie gewünscht erledigt hat. Ist Martin auf dieser Kompetenzstufe angelangt, interessieren sich die Eltern und Angehörigen dafür, ob er bei einer längeren Reise das Ziel erreicht hat – aber wie er das geschafft hat, ist dann kein Thema mehr.

Als Vorgesetzte können Sie allerdings eine Sache niemals delegieren: die finale Verantwortung für ein Ergebnis. Dies gilt insbesondere für die Verantwortung gegenüber weiteren Stakeholdern, zum Beispiel Ihren eigenen Vorgesetzten oder Kunden. Das bedeutet nicht, dass Sie Ihrem Mitarbeiter nicht die Verantwortung für seinen eigenen Bereich übertragen können. Wenn es aber darum geht, Ihre Mitarbeiter (bzw. Ihr Unternehmen) in kritischen Situationen gegenüber Dritten zu schützen, dann sind Sie als Führungskraft in der Pflicht!

Delegieren und Loslassen meint nicht, dass Sie als Führungskraft alle Zügel schleifen lassen können. Es bedeutet, dass Sie Ihre Mitarbeiter ihre Arbeit machen lassen sollen, so lange sie die gewünschten Ergebnisse liefern. Entdecken Sie eine Fehlentwicklung, müssen Sie korrigierend eingreifen und die Kontrolle sofort erhöhen. Deswegen ist es so wichtig, dass Sie und Ihre Mitarbeiter eine vertrauensvolle Beziehung aufbauen und pflegen.

Angenommen, Ihr Mitarbeiter arbeitet an einem Projekt und steht kurz vor einem wichtigen Meilenstein. Sie haben ihm das Projekt in dem Bewusstsein anvertraut, dass er zwar das Potenzial hat, das Projekt erfolgreich abzuschließen. In Teilbereichen ist er aber auf die Unterstützung von Dritten angewiesen, weil er noch nicht die notwendige Kompetenz besitzt. Kommt Ihr Mitarbeiter also an diesen Punkt im Projekt und traut sich nicht, seine bewusste Inkompetenz zu offenbaren, wird er den Meilenstein entweder gar nicht oder im besten Fall verspätet oder mehr schlecht als recht erreichen.

Hat er hingegen keine Scheu, mit Fragen oder Problemen auf Sie zuzugehen und seine mangelnde Kompetenz zuzugeben, können Sie ihm in seiner Weiterentwicklung helfen. Offenheit ist deswegen eine elementare Voraussetzung für konstruktive Kritik und die Möglichkeit, Feedback zu geben. Das Zusammenspiel von Offenheit und Feedback ermöglicht erst die Weiterentwicklung von Mitarbeitern.

Mitarbeitern Feedback zu geben, wenn sie eine wichtige Aufgabe erledigt haben, ist sinnvoll – für Ihre Mitarbeiter und Sie selbst. Wie Sie Feedback richtig einsetzen, erfahren Sie im nächsten Abschnitt.

## 3.6 Den blinden Fleck eliminieren

Auch der erste Geiger im Orchester kann immer noch besser werden, selbst wenn er unter den anderen Geigern im Orchester der Beste ist. Dazu ist notwendig, dass er sein Können zeigt, sich selbst ständig hinterfragt und seine Leistungsgrenzen testet. Vor allem sollte er sich Feedback einholen. Er ist erpicht darauf zu wissen, wo er im Verhältnis zu seiner Konkurrenz steht und wie er sich weiter verbessern kann. Abb. 3.5 verdeutlicht die Probleme, die entstehen, wenn Offenheit und/oder Feedback fehlen.

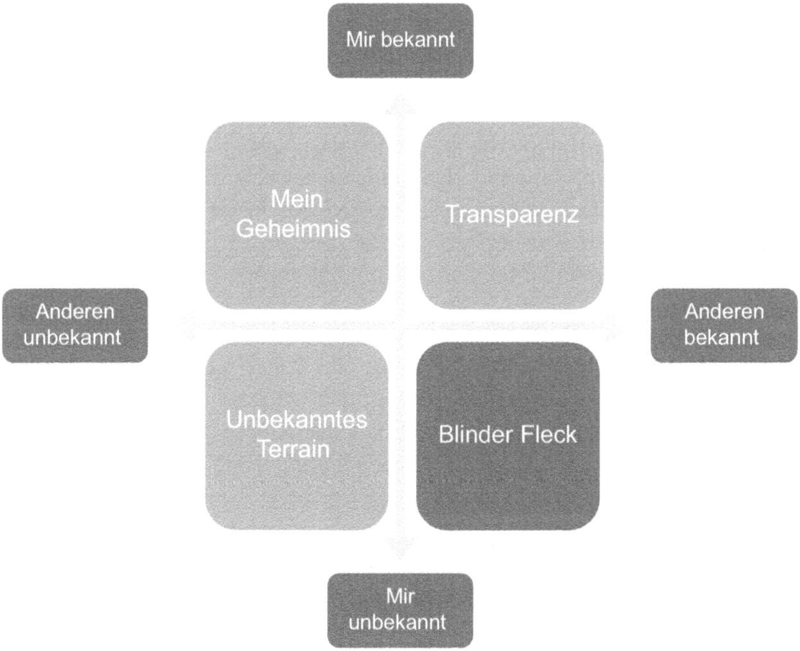


**Abb. 3.5** Der Blinde Fleck. (Eigene Darstellung in Anlehnung an Luft 1971)

**1. Geheimnis**

Wenn ich weiß, was ich kann und was ich nicht kann, mich aber Anderen gegenüber nicht offenbare, habe ich ein Geheimnis. Im privaten Bereich mag jeder seine Geheimnisse haben – das ist völlig in Ordnung. Als Mitarbeiter in einem Unternehmen ist es jedoch verboten, Kenntnisse über fehlende Kompetenzen oder daraus resultierende Fehler für sich zu behalten. Natürlich erleben wir dies häufig in Unternehmen, in denen Mitarbeiter Angst haben, sich zu öffnen. Zum Beispiel, wenn sie sich nicht trauen, Fehler einzugestehen, weil ihre Führungskraft regelmäßig ausrastet. Im Konzept Trust-based Leadership kommen solche Situationen gar nicht erst vor, weil Führungskraft und Mitarbeiter ein Vertrauensverhältnis aufgebaut haben, das es zulässt, dass Mitarbeiter Fehler einräumen können, ohne Angst zu haben – vor der Reaktion ihrer Führungskraft, ohne Sanktionen, ohne Imageschaden etc.

**2. Unbekanntes Terrain**

In unbekanntes Terrain, in ein Abenteuer begeben Sie sich, wenn Sie und Andere keine zuverlässige Kenntnis darüber haben, was Sie erwartet. Solche Expeditionen können Unternehmen teuer zu stehen kommen und sollten nur von denen unternommen werden, die es sich wirklich leisten können und wollen.

**3. Blinder Fleck**

Einen blinden Fleck haben Sie, wenn andere zwar wissen, welche Fähigkeiten sie nicht oder kaum haben, Sie selbst aber völlig ahnungslos sind, dass Ihnen diese Kompetenz fehlt. Diesen blinden Fleck müssen Sie unbedingt vermeiden oder noch besser eliminieren.

**4. Transparenz**

Gerade in Organisationen und angesichts der weiter zunehmenden Digitalisierung der Arbeitswelt sollte Transparenz zu einem entscheidenden Prinzip der Zusammenarbeit werden. Das bedeutet für Sie und Ihre Mitarbeiter: Sie sind einander gegenüber offen, geben Fehler und fehlende Erfahrung zu. Sie wissen, auf welcher Kompetenzstufe Sie stehen und gleichen mithilfe von Feedback Ihr jeweiliges Selbstbild mit dem Fremdbild ab.

Transparenz setzt ein hohes Maß an Offenheit und Vertrauen voraus. Nur, wenn Sie preisgeben, was Sie können, was Sie sich zutrauen und welche Kenntnisse und Fähigkeiten Ihnen noch fehlen, erreichen Sie die für Ihre berufliche und persönliche Weiterentwicklung notwendige Qualität an Feedback. Das Gleiche gilt für Ihren Mitarbeiter. Nur, wenn Sie beide offen sind, ist Feedback möglich – das Zurückgeben, Spiegeln, Reflektieren über Ihre Fähigkeiten.

Je offener Sie sind, desto größer ist die Qualität des Feedbacks, das Sie einholen. Dies gilt für Sie als Führungskraft genauso wie für das Feedback, das Sie Ihren Mitarbeitern geben. Offenheit für Feedback ist also für beide Seiten unerlässlich. Sich regelmäßig zu hinterfragen, ohne daran zu zerbrechen und gleichzeitig so viel Selbstvertrauen haben, dass Sie und Ihr Mitarbeiter sich durch Feedback entwickeln und stärker werden können. Offenheit, Vertrauen und gutes Feedback sind elementare Bestandteile für Ihren Erfolg.

## 3.7 Mitarbeitergespräche und Feedback

Es gibt unterschiedliche Arten von Feedback. Für ein komplexes Mitarbeitergespräch, das in vielen Unternehmen einmal jährlich stattfindet, bietet es sich an, das Gespräch auf der Basis des Erfolgstreiber-Kompetenzprofils zu strukturieren.

Beobachtungen, die Sie im Verlauf des Jahres bei Ihren Mitarbeitern gemacht haben, können Sie nach Fachkompetenz, Methodenkompetenz, Haltung und Persönlichkeit aufgeteilt dokumentieren und im Mitarbeitergespräch verwenden (vgl. Tab. 3.5).

Neben dem komplexen Mitarbeitergespräch unterscheide ich das einfache Feedbackgespräch. Letzteres ist konkret auf einen Anlass bezogen. Während das Mitarbeitergespräch einen längerfristigen Zeitraum überspannt, sollte Ihr Ziel beim einfachen Feedback eine kurzfristige Verhaltensänderung des Mitarbeiters sein. Entgegen dem terminlich geplanten Mitarbeitergespräch ist das einfache Feedback spontan.

Den Ablauf eines solchen spontanen Feedbacks können Sie in der Reihenfolge Positives – Negatives – Positives gestalten, auch als Feedback nach dem Burger-Prinzip bekannt: Zunächst beschreiben Sie, warum Sie Ihren Mitarbeiter als wichtig für die Organisation erachten. Dann kommen Sie zügig zum Kern der Botschaft. Schließlich entlassen Sie ihn mit einer positiven Botschaft aus dem Gespräch. So geht Ihr Mitarbeiter nicht mit einem negativen Eindruck aus dem Gespräch.

Stellen Sie am Ende dieses Feedbacks sicher, dass Ihre eigentliche Botschaft nicht untergegangen ist. Manche Mitarbeiter schließen den negativen Part der Botschaft gerne aus ihrer Wahrnehmung aus und hören nur das Positive. Tab. 3.6 zeigt einen beispielhaften Ablauf für ein Feedback nach dem Prinzip Positives – Negatives – Positives.

Grundsätzlich gilt: Feedback geben können Sie nur glaubwürdig, wenn Sie Ihre eigene Wahrnehmung schildern. Sie begeben sich auf dünnes Eis, wenn Ihnen Mitarbeiter unzureichendes Wissen oder Fehlverhalten eines Kollegen zutragen und Sie diese Informationen im Feedback verwerten.

**Tab. 3.5** Feedback im Mitarbeitergespräch

| Dimension | Fachkompetenz | Methodenkompetenz | Haltung | Persönlichkeit |
|---|---|---|---|---|
| Beispielhaftes Kriterium | Wettbewerb | Präsentation und Moderation | Konsistenz und Glaubwürdigkeit | Emotionale Stabilität |
| Beispielhafte, dokumentierte Beobachtung | *Fehlendes Wissen über den Wettbewerb* | *Sehr gute Präsentation gehalten* | *Immer alle Termine eingehalten* | *Verhalten in Stresssituationen* |
| Beispielhafte Formulierung gegenüber dem Mitarbeiter | Mir ist in unserem Strategieprojekt aufgefallen, dass Sie nichts über die Finanzprobleme unseres Wettbewerbers Meier & Co. wussten | Ich fand Ihre Präsentation gegenüber der Geschäftsführung sehr gut strukturiert und überzeugend vorgetragen! | Ich finde es gut, dass Sie es immer wieder schaffen, Ihre Termine einzuhalten. Ich kann mich auf Sie verlassen! | Ich habe beobachtet, dass Sie unter Zeitdruck manchmal aufbrausend reagieren |
| Beispielhaftes Kriterium | Produktportfolio | Vertriebsmanagement | Verantwortungsbewusstsein | Verträglichkeit |
| Beispielhafte, dokumentierte Beobachtung | *Sehr gute Produktkenntnisse* | *Saubere Dokumentation der Verkaufsaktivitäten* | *Verantwortung in Krisensituation übernommen* | *Vorbildliche Integration ins Team* |
| Beispielhafte Formulierung gegenüber dem Mitarbeiter | Bei der Produktentwicklung für unseren neuen Aquastar haben Sie mich mit Ihren exzellenten Produktkenntnissen begeistert | Ich finde es großartig, wie strukturiert Sie Ihre Verkaufsaktivitäten in unserem System dokumentieren | Es hat mich beeindruckt, wie Sie in der Krisensituation die Verantwortung für Ihr Team übernommen haben | Wie Sie sich in diesem Tempo in das Team integriert haben, hat mir sehr gefallen! |

**Tab. 3.6** Beispiel für einfaches Feedback

| | |
|---|---|
| Positiv | Herr Schmiedel, Sie sind ein wichtiger Eckpfeiler und Leistungsträger in meinem Team. Ich bin froh, Sie an Bord zu haben |
| Negativ | Über ein Thema möchte ich allerdings mit Ihnen sprechen: Ihr Verhalten in der letzten Teambesprechung empfand ich als respektlos. Ich habe gesehen, wie Sie während des Vortrages von Frau Meier E-Mails auf dem Smartphone gelesen und geschrieben haben. Stellen Sie sich vor, Frau Meier würde das bei Ihnen machen. Sie wären unter die Decke gegangen! Insofern bitte ich Sie: Unterlassen Sie das in Zukunft – Sie untergraben damit den Teamgeist |
| Positiv | Wenn Sie das zukünftig nicht mehr machen, werden Sie von den jungen Kollegen noch mehr als Vorbild gesehen. Die schauen zu Ihnen auf, weil Sie der beste Verkäufer im Team sind |

Wenn es Ihnen sinnvoll und notwendig erscheint, benennen Sie dies gegenüber diesem Kollegen/Mitarbeiter (natürlich mit dem Einverständnis der Mitarbeiter, die Ihnen den Hinweis gegeben haben) klar und unmissverständlich. Es ist wenig glaubwürdig, wenn Sie ein Gespräch mit den Worten: „Mir ist aus sicherer Quelle zugeleitet worden, dass …" einleiten.

**Fragen Sie sich selbst:**
- Wie häufig fordern Sie Feedback für sich selbst ein?
- Wie ist das Feedback Ihres Vorgesetzten strukturiert?
- Wie sehr sind Feedbacks in Ihrem Team etabliert?
- Welche Struktur haben Sie bisher für Feedbackgespräche eingesetzt?

## 3.8 Lob und Kritik

Lob und Kritik konstruktiv einzusetzen, gehört zu den Schlüsselkompetenzen einer Führungskraft. Nichts verleiht uns mehr Selbstwertgefühl oder Inspiration als Lob – und das von Kindesbeinen an. Anfangs bemühen wir uns um das elterliche Lob, später um das der Lehrer und irgendwann um das unseres Vorgesetzten. Wir sind auf Lob angewiesen, denn es signalisiert, dass wir auf dem richtigen Weg sind. Es bestärkt uns, diesen Weg weiterzugehen und besser zu werden (vgl. Tab. 3.7).

**Tab. 3.7** Beispiel für Lob

| | |
|---|---|
| Beschreibung der Situation/des Verhaltens | Ich sehe, dass Sie Ihre Neukundenquote und den Deckungsbeitrag stark erhöht haben |
| Konsequenz | Wenn Sie so weitermachen, werden Sie unser erfolgreichster Verkäufer |
| Emotion | Darüber freue ich mich sehr! |

Aber: Nichts schürt tiefere Selbstzweifel, als für etwas kritisiert zu werden, das wir (falsch) getan oder nicht getan haben. Nichts ist weniger geeignet, um uns zu motivieren. Schon als Kinder hassen wir Kritik, und selbst als Erwachsene ertragen wir sie nur schwer. Kritik bedeutet, dass wir falschliegen, dass wir auf dem Holzweg sind, dass wir abbrechen und von vorn anfangen oder ganz aufgeben und etwas anders machen sollten. Oft entwickeln wir eine regelrechte Aversion gegen Menschen, die uns kritisieren. Das kann dazu führen, dass wir ihnen gar nicht zuhören oder sie komplett ignorieren.

Ein Ansatz, den zum Beispiel Warren Buffett vorschlägt, ist es, Lob immer an einzelne Personen zu richten, Kritik immer an eine Gruppe oder an sich selbst (Buffett und Clark 2011). Er lobt einzelne Entscheidungen oder Aktionen seiner Mitarbeiter in Geschäftsberichten und auf Versammlungen. So gibt er ihnen das Gefühl, etwas Besonderes zu sein, und stärkt ihr Selbstwertgefühl und das Selbstvertrauen. Dies ermöglicht es seinen Mitarbeitern, mehr bewusste Risiken einzugehen und über sich hinauszuwachsen. Wenn er Kritik übt, dann an einer Gruppe oder an sich selbst. Zum Beispiel berichtet er gerne von den Fehlern, die er selber begangen hat.

Was könnte der Grund hierfür sein? Der Mitarbeiter fühlt sich nicht kritisiert, wird aber zum Nachdenken über sein eigenes Verhalten angeregt. Wenn er dann selber auf die Lösung für seine Verhaltensänderung kommt, ist das der eleganteste und wirkungsvollste aller Wege. Leider existiert aber ein Problem, dass wir alle kennen: Indirekte, nicht explizite Kommunikation funktioniert nicht immer. Wer garantiert Ihnen, dass Ihre indirekte Botschaft auch ankommt? Keiner.

Ein Kritikgespräch unterscheidet sich von einem einfachen Feedback- und einem Mitarbeitergespräch. Während Sie Feedback auf verschiedene Dimensionen und Zusammenhänge Ihrer Zusammenarbeit mit Ihrem Mitarbeiter anwenden können, beziehen sich Kritikgespräche immer auf einen erfolgskritischen Anlass. Deswegen müssen Sie unbedingt sicherstellen, dass Ihre Botschaft beim Mitarbeiter ankommt. Wenn also ein Kritikgespräch notwendig ist, gilt folgende Regel: **Möglichst schnell, möglichst klar, möglichst sachlich formulieren!**

Hier gilt ebenfalls: Greifen Sie idealerweise auf Beobachtungen und Notizen zurück, die Sie selbst über Ihren Mitarbeiter gemacht haben. Verlassen Sie sich niemals auf Flurfunk, Hörensagen und Gerüchte, die Ihnen von Dritten zugetragen werden. Falls Sie darauf zurückgreifen müssen und das Kritikgespräch mit dem Mitarbeiter unumgänglich erscheint, erklären Sie dem Überbringer der Gerüchte, dass Sie im Gespräch mit dem kritisierten Mitarbeiter Tacheles reden werden. Das heißt auch, im Zweifel den Namen des Überbringers zu nennen.

Dieser sollte sich der Konsequenzen bewusst sein, die seine Anschuldigungen oder Behauptungen nach sich ziehen könnten. Vermeiden Sie es unbedingt, von Ihren Mitarbeitern vor den Karren gespannt zu werden.

Um ein Kritikgespräch strukturiert und gezielt führen zu können, bietet sich das Vorgehen nach der mehrteiligen Ich-Botschaft an:

| Schritt | Beispiel |
|---|---|
| 1. Die Situation und das Fehlverhalten des Mitarbeiters beschreiben | Ich habe beobachtet, dass Sie zum wiederholten Male unpünktlich zur Arbeit erschienen sind |
| 2. Dem Mitarbeiter die Konsequenzen, die sein Fehlverhaltens verursachen, darstellen | Dadurch stören Sie den Betriebsablauf |
| 3. Die eigenen Emotionen dazu verbalisieren | Das ärgert mich maßlos! |
| PAUSE | |
| 4. Die Erwartungen an den Mitarbeiter klar und deutlich formulieren | Ich erwarte, dass Sie pünktlich zur Arbeit erscheinen |
| 5. Zeitrahmen: Bis wann erwarten Sie die Verhaltensänderung? | Diese Regel gilt ab sofort |
| 6. Dem Mitarbeiter die Konsequenzen seines Verhaltens für ihn persönlich klar und deutlich aufzeigen | Falls Sie diese Regel nicht einhalten, erhalten Sie eine Abmahnung. |
| 7. Verbindlichkeit einholen | Können Sie meine Aussage bitte in eigenen Worten wiederholen? |
| 8. Akzeptanz einholen | Sind Sie damit einverstanden? |

Warum kann eine Pause zwischen Schritt drei und vier sinnvoll sein? Es bietet sich an dieser Stelle des Gesprächs die Gelegenheit, zu beobachten, ob Ihr Mitarbeiter sein Fehlverhalten einsieht. Falls er seinen Fehler einsieht und sich glaubhaft dazu bereit erklärt, diesen Fehler nicht zu wiederholen und Besserung verspricht, haben Sie Ihr Ziel bereits erreicht.

Dies ist sogar der Idealfall, weil Ihr Mitarbeiter bereits selbst die Lösung für das Problem, das sein Fehlverhalten verursacht, entwickelt hat. Er beschreibt dann also Ihre Erwartungen an sein künftiges Verhalten. Sollte er keine Einsicht zeigen oder ist ihm nicht klar, was Sie von ihm erwarten, müssen Sie diese Erwartungen klar und deutlich formulieren.

Die Schritte 4 bis 8 sind vor allem dann notwendig, wenn Sie Mitarbeiter haben, die eine enge Führung benötigen.

Über die Gesprächsstruktur hinaus sollten Sie zwei weitere wichtige Verhaltensweisen beherzigen, wenn Sie Kritikgespräche führen:

- Führen Sie das Gespräch immer als Einzelgespräch in einem Raum, dessen Tür Sie schließen können, und sorgen Sie im Vorfeld des Gesprächs dafür, dass Sie nicht dabei gestört werden.
- Respektieren Sie Ihren Mitarbeiter trotz aller Kritik in der Sache, lassen Sie ihm die Möglichkeit, sein Gesicht zu wahren.

Stellen Sie sich folgende Situation vor: In einer Abteilungsversammlung führt ein Kollege neue Ergebnisse aus seinem aktuellen Projekt vor. Der Abteilungsleiter, von dem ganzen Ablauf des Projektes bereits sehr genervt, demütigt den Mitarbeiter vor versammelter Mannschaft und wird dabei auch noch persönlich: „Das war ja klar, dass Sie mit der Aufgabe nicht klarkommen! Sie haben meine niedrigen Erwartungen sogar noch unterboten! Wie konnten Sie nur diesen blöden Fehler machen?".

Die Auswirkungen dieser Aussagen sind für den Abteilungsleiter und seinen Mitarbeiter gleichermaßen verheerend. Zwar hat der Abteilungsleiter seinem Ärger Luft gemacht und seine Botschaft deutlich artikuliert, und der Mitarbeiter hat sicherlich verstanden, dass er einen Fehler gemacht hat.

Aber darüber hinaus hat der Abteilungsleiter die anderen anwesenden Mitarbeiter verschreckt. Denn mit seiner Aktion hat er ihr Vertrauen in seine Person, ihr Vertrauen in ihn als Führungskraft zerstört, ganz abgesehen davon, dass das Selbstvertrauen des kritisierten Mitarbeiters Schaden genommen hat.

**Fragen Sie sich selbst:**

- Haben Sie selbst schon Situationen erlebt, in denen eine Führungskraft vor versammelter Mannschaft Kritik unsachlich geäußert hat?
- Welche Auswirkungen hat dieses Verhalten auf das Verhältnis zwischen Führungskraft und Mitarbeitern?

## 3.9 Dirigent oder Spielertrainer?

Der Themenkreis Handlungsfähigkeit und Delegation lässt sich prima mit einem bildhaften Vergleich zwischen einem Dirigenten und einem Spielertrainer abrunden:

Die Aufgabe eines Dirigenten ist es, die einzelnen Bestandteile des gesamten Orchesters, also die Streicher, die Bläser, die Schläger, die Musiker der Zupf- und Tasteninstrumente etc. so zu organisieren, dass sie tun, was er vorgibt. Der Dirigent ist bei Weitem nicht der beste Streicher, Trompeter oder Trommler. Seine Orchestermusiker sind in ihren jeweiligen Spezialgebieten deutlich besser, deswegen hat er ihnen diese Aufgaben übertragen. Aber er erkennt Fehler im System, das Fehlverhalten einzelner und greift korrigierend ein, um ein bestmögliches Ergebnis für das ganze Orchester zu erzielen. Darin liegt seine (Gesamt-)Verantwortung.

Dementgegen ist ein Spielertrainer einerseits Trainer seines Teams, andererseits aber auch als Spieler aktiver Teil davon. Im Zweifel wechselt er sich selbst ein, um der Mannschaft zum Sieg zu verhelfen. Dabei ist er ein Vorbild an Engagement und Leistungswillen. Vielleicht ist er nicht mehr der Schnellste oder Beste im Team, aber er kann aufgrund seiner Erfahrung seinen Mitspielern immer noch zeigen, wie es geht. Tab. 3.8 zeigt einen Vergleich dieser beiden Führungstypen.

Manche Unternehmen fordern ganz bewusst von ihren Führungskräften, die Rolle des Spielertrainers zu übernehmen. Ein entscheidender Nachteil des

**Tab. 3.8** Vorteile und Nachteile unterschiedlicher Führungstypen

| Führungstypen | Vorteile | Nachteile |
|---|---|---|
| Spielertrainer | • Kann sich aktiv beteiligen und eine Vorbildfunktion übernehmen<br>• Kennt das operative Geschäft, deshalb kann ihm keiner etwas vormachen, wie es funktioniert | • Kann den Überblick verlieren und die Gesamtstrategie verwässern<br>• Verheddert sich im Detail Vernachlässigt die Fokussierung auf die wichtigen Aufgaben<br>• Kann die Teammitglieder nicht weiterentwickeln |
| Dirigent | • Behält den Überblick über das gesamte System<br>• Entdeckt Fehler in Strukturen und Prozessen oder Fehlbesetzungen im Team<br>• Setzt langfristige Richtungsentscheidungen um und behält das Ziel im Blick | • Ist nicht Teil des Teams<br>• Hat keinen Einblick in die täglichen Detailaufgaben<br>• Kann den Kontakt zum operativen Geschäft verlieren |

Spielertrainers ist, dass er leicht verpasst, seine Teammitglieder weiterzuentwickeln, weil er sich um sein eigenes (Tages-)Geschäft kümmern muss.

Beispiel: eine Führungskraft im Verkauf, von der erwartet wird, dass sie selbst aktiv verkauft (und sich damit ihr eigenes Gehalt finanziert). Ist sie erfolgreich, ist das gut für ihren eigenen Erfolg. Doch wer führt die Mitarbeiter? Manche Unternehmen versuchen, dieses Dilemma über eine prozentuale Aufteilung der Tätigkeitsbereiche von Führungskräften zu lösen, zum Beispiel, dass sie im Verkauf zu 20 % operativ tätig sind, also ein Fünftel ihrer Arbeitszeit für den aktiven Verkauf verwenden, die anderen 80 % für die Mitarbeiterführung.

Wie reagiert aber eine solche Führungskraft auf die Frage eines seiner Mitarbeiter, ob sie nicht seine (!) Arbeit übernehmen könne, zum Beispiel, weil der Mitarbeiter einen Arzttermin wahrnehmen muss? Seine Antwort wird sehr bürokratisch ausfallen: „Ich kann Deine Arbeit nicht übernehmen. Ich habe meine 20 % operative Tätigkeit in dieser Woche bereits erledigt.“

Dieser Konflikt ist so lange nicht gelöst, bis das Unternehmen die Entscheidung getroffen hat, dass die Führungskräfte zu 100 % führen sollen – oder eben keine Führungskräfte sind. Ein Geschäftsführer soll die Geschäfte führen. Ein Verkaufsleiter soll den Verkauf leiten. Ein Lagerleiter koordiniert die Lagerfachkräfte und hebt in den seltensten Fällen noch eine Palette ins Regal.

Natürlich gilt dies für Unternehmen, die aufgrund ihrer Größe arbeitsteilig organisiert sind. In kleinen Unternehmen oder Niederlassungen hingegen sind die Geschäftsführer oder Standortleiter selbst oft genug auch Buchhalter, Verkäufer und Projektleiter in einer Person, weil es keine oder nur wenige Mitarbeiter gibt, die diese Aufgaben übernehmen können.

Ein Dirigent, der in dieser kleinen Einheit nicht mit anpackt, verspielt schnell den Respekt und das Vertrauen seiner Mannschaft. Für Sie als Führungskraft gilt: Seien Sie sich der jeweiligen Vor- und Nachteile bewusst! Nehmen Sie die Rolle ein, in der Sie (in Ihrem Unternehmen, mit den gegebenen Ressourcen) am meisten Wirkung entfalten.

**Fragen Sie sich selbst:**

- Sind Sie eher Dirigent oder Spielertrainer?
- Glauben Sie, dass Sie zwischen diesen beiden Rollen hin- und herwechseln können?
- In welchen Situationen ist eher die Rolle des Dirigenten, in welchen eher die des Spielertrainers angebracht?

## 3.10 Fazit: Wie Sie Ihre Mitarbeiter handlungsfähig machen

Im ersten Teil unseres Modells ging es um die Frage, wie Sie als Führungskraft das Vertrauen Ihrer Mitarbeiter gewinnen. Im zweiten Teil lautete die Kernfrage: Wie bringen Sie Ihre Mitarbeiter dazu, dass sie ihre Aufgaben erfolgreich erledigen?

Um die zweite Frage beantworten zu können, müssen Sie wissen, wo die Stärken Ihrer Mitarbeiter liegen. Diese können Sie mit dem Erfolgstreiber-Kompetenzprofil differenziert analysieren und beurteilen. Aus dieser Analyse lassen sich wiederum Maßnahmen zur beruflichen Weiterentwicklung Ihrer Mitarbeiter ableiten, die auf diesen Stärken fußen. Erst wenn Sie sicher sind, dass Ihre Mitarbeiter die entsprechende Kompetenzstufe erreicht haben, können Sie delegieren und ihnen Aufgaben übertragen. Dann lautet Ihre Aufgabe als Führungskraft: Vertrauen Sie Ihren Mitarbeitern! Lassen Sie los!

Wichtige Instrumente, um die berufliche Weiterentwicklung Ihrer Mitarbeiter in einer vertrauensvollen Beziehung mit ihnen zu fördern, sind Mitarbeiter-, Feedback- und Kritikgespräche – und Lob.

Seien Sie sich der unterschiedlichen Rollen und damit Ihrer Wirkung als Führungskraft bewusst: Sind Sie eher Dirigent oder Spielertrainer?

**Zusammenfassung Handlungsfähigkeit ermöglichen**

Nach diesem Modul sollten Sie sich folgenden Themenbereichen bewusst sein und daran arbeiten können:

**Ihre Ziele sollten sein:**

- Die Anforderungen an die Mitarbeiter definieren
- Die Fähigkeiten der Mitarbeiter analysieren
- Maßnahmen zur beruflichen Weiterentwicklung definieren, durchführen und kontrollieren
- Delegieren und Feedback geben können
- Mitarbeiter und ihr Team in den Flow-Zustand bringen
- Mitarbeiter-, Kritik- und Feedbackgespräche konstruktiv anbringen können
- Sich der unterschiedlichen Rollen als Führungskraft bewusst werden

**Um diese Inhalte sollte es in Ihrer Führungsfunktion gehen:**

- Anforderungen und Kompetenzprofile ableiten
- Stellenbeschreibungen formulieren

- Mitarbeiter stärkenorientiert einsetzen und weiterentwickeln
- Standortbestimmung mit dem Erfolgstreiber-Kompetenzprofil
- Maßnahmen zur beruflichen Weiterentwicklung der Mitarbeiter konzipieren
- Maßnahmen zur beruflichen Weiterentwicklung der Mitarbeiter durchführen, nachhaltig gestalten (es also nicht bei Einzelmaßnahmen belassen) und kontrollieren
- Vier Stufen der Kompetenz
- Delegieren und loslassen
- Den blinden Fleck eliminieren
- Offenheit und Feedback als Garant für die berufliche und persönliche Weiterentwicklung
- Feedback im Mitarbeitergespräch
- Ablauf von Feedbackgesprächen
- Kritikgespräche führen
- Dirigent oder Spielertrainer

**Diese Werkzeuge und Techniken sollten Sie beherrschen:**

- Stellenbeschreibungen
- Erfolgstreiber-Kompetenzprofile
- Gesprächsmuster für Feedback
- Mehrteilige Ich-Botschaften

**Der Nutzen, den Sie daraus ziehen, sollte Sie sagen lassen:**

- Der Mitarbeiter erlangt durch geeignete Maßnahmen der beruflichen Weiterentwicklung die Fähigkeit, seine Aufgaben erfolgreich zu lösen.
- Durch erfolgreiches Delegieren schafft die Führungskraft Erfolgserlebnisse für ihre Mitarbeiter und gewinnt Zeit für ihre eigenen Aufgaben.

## Literatur

Becker, M. 2007. *Messung und Bewertung von Humanressourcen. Konzepte und Instrumente für die betriebliche Praxis*. Stuttgart: Schäffer-Poeschel.

Buffett, M., und D. Clark. 2011. *Die Macht der Ehrlichkeit*. Berlin: Ambition.

Csikszentmihalyi, M. 2015. *Flow: Das Geheimnis des Glücks*. Stuttgart: Klett Cotta.
Goethe, Johann Wolfgang von. 1999. Wilhelm Meisters Wanderjahre, In *Poetische Werke*, Bd. 7, Hrsg. Johann Wolfgang von Goethe. Essen: Phaidon (Erstveröffentlichung 1821).
Luft, J. 1971. *Einführung in die Gruppendynamik*. Stuttgart: Klett.
Oerter, R., und L. Montada. 2002. *Entwicklungspsychologie*, 5. Aufl. Weinheim: Beltz.
Weiss, C. 2013. *Verdammt zur Spitzenleistung: Erfolg im Hyperwettbewerb. Ein Arbeitsbuch für Unternehmer*, 5. Aufl. Bonn: Unternehmer Medien.

# 4 Haltung und Leistungsbereitschaft entwickeln: Modul 3

> If your actions inspire others to dream more, learn more, do more and become more, you are a leader.
> (Wenn Ihre Handlungen andere dazu inspirieren, mehr zu träumen, mehr zu lernen, mehr zu tun und sich zu entwickeln, sind Sie eine wahre Führungskraft.)
> John Quincy Adams (1767–1848)

Das dritte Modul des Führungskonzeptes „Trust-based Leadership" geht der Frage nach, wie Sie Ihre Rolle als Führungskraft interpretieren. Sie können nur dann als Führungskraft erfolgreich sein, wenn Sie bereit sind, diese Rolle mit Überzeugung auszufüllen, vorbehaltlos Verantwortung zu übernehmen und eine positive Einstellung vorzuleben. Erst wenn Sie als Vorbild für Ihre Mitarbeiter taugen, sind diese bereit, für Sie außergewöhnliche Leistungen zu erbringen und dabei Risiken einzugehen.

Kurzer Rückblick: Zunächst haben Sie eine vertrauensvolle Beziehung zu Ihren Mitarbeitern aufgebaut und sie durch geeignete Entwicklungsmaßnahmen in die Lage versetzt, dass sie ihre Aufgaben erledigen. Das wiederum hilft Ihnen, diese Aufgaben zu delegieren und sich auf Ihre eigenen zu konzentrieren.

Nun lernen Sie, Ihre Rolle als Führungskraft zu verstehen und die Leistungsbereitschaft Ihrer Mitarbeiter zu verstärken. Sie sind Vorbild für Ihre Mitarbeiter. Und damit haben Ihre eigene Haltung und Ihr Verhalten spürbare Auswirkungen auf die Leistungsbereitschaft Ihrer Mitarbeiter: auf ihren Optimismus, ihre Chancen- und Lösungsorientierung, ihre Bereitschaft, Verantwortung zu übernehmen. Eine vertrauensvolle, belastbare und letztlich erfolgreiche Beziehung zwischen Ihnen und Ihren Mitarbeitern setzt voraus, dass Sie selbst, aber auch Ihre Mitarbeiter Verantwortung übernehmen – und zwar von Anfang an!



M. Schmiedel, *Trust-based Leadership – Führen durch Vertrauen*,
DOI 10.1007/978-3-658-14875-1_4

## 4.1 Einstellung, Verhalten und Power-Posen

Mit dem Prinzip der sich selbst erfüllenden Prophezeiung lässt sich das Wechselspiel zwischen Einstellung und Verhalten in den meisten Bereichen unseres (Berufs-)Lebens beobachten:

Stellen Sie sich vor, ein Unternehmen hat Sie als Kandidat für eine neu zu besetzende Führungsposition zum Vorstellungsgespräch eingeladen. Im Vorfeld denken Sie darüber nach, warum Sie nicht für diesen Job geeignet sind und dass andere Bewerber qualifizierter sind als Sie. Was glauben Sie:

- Wie werden Sie sich verhalten?
- Wie wird sich dieses Verhalten auf Ihre Gesprächspartner auswirken?
- Wie wird das Ergebnis Ihres Gesprächs aussehen?

Notieren Sie sich hingegen vor diesem Termin die Gründe, warum Sie im Vorstellungsgespräch glänzen und auch in Ihrer zukünftigen Rolle erfolgreich sein werden, werden diese Notizen Ihre Gedanken und Ihre Einstellung zum Gespräch positiv verändern. Dass Sie sich dann auch entsprechend verhalten, spüren Ihre Gesprächspartner, und das beeinflusst deren Haltung Ihnen gegenüber ebenso positiv. Kurz: Mit einer positiven Einstellung machen Sie einen guten Eindruck im Vorstellungsgespräch.

Sie können Ihren Erfolg sogar über Ihre Körpersprache steuern: In einer Studie (Cuddy et al. 2012) wurden zwei Gruppen gegeneinander getestet: Die Teilnehmer der ersten Gruppe nahmen unmittelbar vor einem inszenierten Vorstellungsgespräch für ihren Traumjob sieben Minuten lang sogenannte „High-Power Posen" ein, eine positiv angespannte Körperhaltung, zum Beispiel das Anspannen des Bizepses. Die Teilnehmer der anderen Gruppe nahm „Low-Power Posen" ein, zum Beispiel eine gebückte Haltung.

Der Unterschied war verblüffend: Die Teilnehmer der High-Power-Posing-Gruppe fühlte sich signifikant stärker („powerful") als die andere Gruppe. Nicht nur das: Sie wurden von der Jury auch deutlich stärker in Bezug auf ihre möglichen Leistungen eingeschätzt und erhielt bessere Ergebnisse auf die Frage: „Würden Sie diesen Menschen einstellen?".

## 4.2 Wie Ihre Einstellung Ihr Verhalten prägt

Wenn Sie als Führungskraft davon ausgehen, dass ein anstehendes Mitarbeitergespräch einen schlechten Verlauf nehmen wird und Sie Ihre Ziele nicht erreichen werden, weil diese für Ihren Mitarbeiter höchstwahrscheinlich inakzeptabel sind, wird das Gespräch sicherlich schlecht verlaufen, zumindest für Sie selbst.

Dieses Phänomen ist unter dem Begriff „sich selbst erfüllende Prophezeiung" (Merton 1965) bekannt. Je mehr negative Gedanken Sie sich hinsichtlich einer Herausforderung, Aufgabe, Situation oder Problemstellung machen, desto stärker sinkt die Wahrscheinlichkeit, dass Sie Erfolg haben werden.

Deshalb lautet eine wichtige Regel in der Führung (genauso wie im Verkauf und für Verhandlungen): „Meine Einstellung bestimmt mein Verhalten" (Abb. 4.1).

Wenn Sie allerdings mit einer positiven Einstellung in das Mitarbeitergespräch gehen oder grundsätzlich eine positive Einstellung zu den vor Ihnen liegenden Herausforderungen haben, dann wird Ihnen auch deutlich mehr gelingen. Glauben Sie daran, dass Sie erfolgreich sein werden. Glaube versetzt Berge! Sie haben diesen wichtigen Aspekt der positiven Einstellung bereits im Erfolgstreiber-Kompetenzprofil genauer betrachtet (vgl. Abschn. 2.1.5 und 3.2).

Deutlich wird dieser Zusammenhang auch im zwischenmenschlichen Verhalten. Halten Sie Ihren Mitarbeiter für einen unfähigen, unsympathischen, unattraktiven Gesprächspartner, drückt sich das in Ihrem Verhalten, in Ihrer Körpersprache und Mimik sowie in Ihrer Stimme und Ihrer Sprechweise aus.

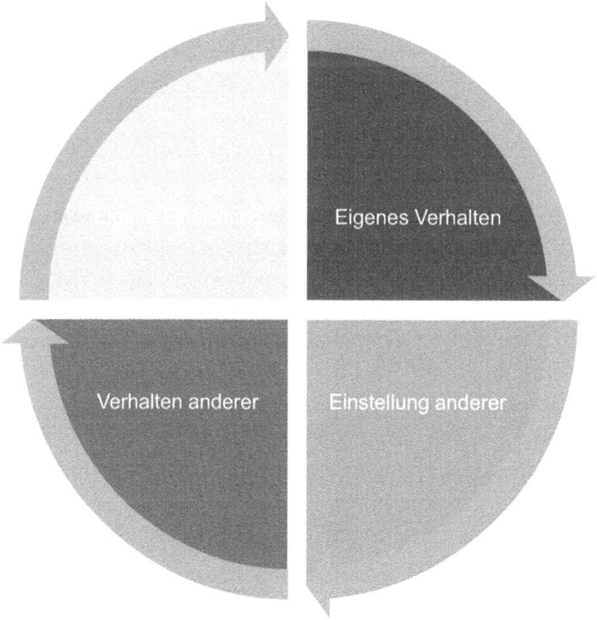


**Abb. 4.1** Einstellung und Verhalten

Ihr Mitarbeiter nimmt diese Signale wahr und reagiert seinerseits mit Abneigung Ihnen gegenüber: Zumindest sind Sie beide sich dann in einem Punkt einig: Ihr Gesprächspartner ist es nicht wert, Ihre Zeit zu verschwenden! Dies ist keine gemeinsame Basis für den Aufbau von Vertrauen.

**Fragen Sie sich selbst:**

- Welche Situationen haben Sie bereits erlebt, in denen Sie von vornherein von einer „Niederlage" ausgegangen sind?
- Welche dieser Situationen haben Sie dennoch erfolgreich gestalten können?
- Haben Sie andersherum schon einmal Situationen erlebt, die sehr schwierig erschienen, die sie aber wegen Ihrer positiven Einstellung und Ihres Optimismus erfolgreich gestalten konnten?

Einer meiner wichtigsten Merksätze im beruflichen Kontext lautet: Glauben Sie daran, erfolgreich zu sein! Dies gilt für Ihre fachliche Tätigkeit, vor allem aber, was Ihre Arbeit als Führungskraft betrifft. Zeigen Sie Ihren Mitarbeitern diese Einstellung. Sie beeinflussen damit Ihr eigenes Verhalten und das Ihrer Mitarbeiter.

## 4.3 Warum Sie und Ihre Mitarbeiter die Besten sind

Ein hilfreiches Werkzeug, mit dem Sie Ihre positiven Gedanken strukturieren können, ist der sogenannte 4-Mat-Cycle. Ursprünglich hatte Bernice McCarthy es entwickelt, um unterschiedliche Lerntypen zu klassifizieren (McCarthy 2006). Ich habe das für meine Zwecke angepasst. Es ist dadurch zu einem Universalinstrument für viele Aufgaben geworden. Das Ursprungsmodell unterteilt die Menschen in vier Lerntypen:

- Der **Was**-Typ fragt sich: Um was geht es? Welche Fakten liegen vor?
- Der **Warum**-Typ fragt sich: Warum existiert das Problem? Warum ist es relevant?
- Der **Wie**-Typ fragt sich: Wie funktioniert es?
- Der **Was-wäre-wenn**-Typ letztendlich benötigt Zukunftsszenarien, um sich von einem Thema überzeugen zu lassen.

Stellen Sie sich nun vor, Sie möchten Ihre Inhalte nicht als Pädagoge an Schüler weitergeben, sondern müssen vor einem Gremium (oder Ihren Mitarbeitern) Ihre

Projektidee präsentieren und durchsetzen. Mit leicht veränderten Fragestellungen und einer **zusätzlichen Warum-Frage** verwende ich diese Systematik heute unter anderem für die Erstellung von Angeboten, Präsentationen und Vorträge:

- **Was** ist das Problem, die Aufgabe oder die Herausforderung?
- **Warum** existiert das Problem?
- **Wie** lösen Sie das Problem?
- **Was ist der zukünftige Nutzen** für welche Zielgruppe, wenn Sie das Problem lösen? Gehen Sie die Frage für alle Anspruchsgruppen durch: der Nutzen für das Unternehmen, für Sie als Führungskraft, für Ihre Mitarbeiter, für Kunden etc.
- **Warum** sind Sie die Besten, um das Problem zu lösen?

Als Führungskraft können Sie mit diesem Instrument die Frage beantworten, warum gerade Sie für eine bestimmte Aufgabe der Beste sind, egal ob alleine oder im Team. Fragen Sie sich selbst oder einen Mitarbeiter: Warum sind Sie der Beste? Und Ihr Team: Warum seid Ihr die Besten?

Mithilfe des adaptierten 4-Mat-Cycles bereiten Sie sich gedanklich auf Ihren Erfolg vor.

Angenommen, Sie bieten eine Dienstleistung in der Personaldiagnostik an. Das heißt, Sie unterstützen Unternehmen dabei, ihre Personalauswahl erfolgreicher zu gestalten. Über die Fragen können Sie Ihr Angebot anhand eines konkreten Beispiels wunderbar strukturieren:

- **Um was geht es?**
  Ihr Kunde wählt seine Kandidaten für den Vertrieb mehr oder weniger professionell aus. Mal werden psychometrische Testverfahren herangezogen, um die Personalentscheidungen zu stützen, mal setzen sich Bauchentscheidungen der Geschäftsführung durch. Die Erfolgsquote bei Neueinstellungen, gemessen am Verbleib der neuen Mitarbeiter im Unternehmen und deren Leistung, stellt den Geschäftsführer nicht zufrieden. Viele Mitarbeiter verlassen das Unternehmen bereits in der Probezeit, sei es, weil sie selbst kündigen, oder weil der Arbeitgeber die Zusammenarbeit beendet.
- **Warum existiert das Problem?**
  Das Unternehmen ist als mittelständisches Unternehmen in den letzten Jahren stark gewachsen. Die Personalarbeit wird von unterschiedlichen Personen im Unternehmen sozusagen im Nebenjob erledigt. Personalverwaltung, Personalentwicklung und Personalrekrutierung sind an unterschiedlichen Stellen im Unternehmen angesiedelt. Die Geschäftsführung ist stark ins operative Geschäft eingebunden. Dem Unternehmen fehlt also ein strukturierter Ansatz, um die Auswahl von Kandidaten für den Vertrieb zu professionalisieren.

- **Wie lösen Sie das Problem?**
  Sie konzipieren einen Bewerberworkshop, der einerseits das Bedürfnis des Unternehmens, die Kandidaten besser zu beurteilen, berücksichtigt, zum anderen den Wunsch der Kandidaten, ihrerseits das Unternehmen kennenzulernen. Im Workshop führen Sie Einzelinterviews durch und lassen die Kandidaten anhand von Fallbeispielen und Rollenspielen konkrete Aufgabenstellungen diskutieren.
- **Was ist der zukünftige Nutzen für die unterschiedlichen Stakeholder?**
  Ihr Kunde trifft seine Personalentscheidungen auf einer deutlichen valideren Basis als vorher. Die Auswahl der Kandidaten ist besser, die Erfolgsquote ist deutlich gestiegen. Das Unternehmen erzielt nicht nur höhere Umsätze, sondern kann auch die Kosten für Personalfreistellungen und -fluktuation reduzieren. Die Kandidaten gewinnen durch den Bewerberworkshop ausreichend Erkenntnisse über das Unternehmen, sodass sie sehr gut beurteilen können, ob sie sich langfristig an diesen Arbeitgeber binden möchten.
- **Warum sind Sie die Besten, um das Problem zu lösen?**
  Zum einen setzen Sie Ihre personaldiagnostische Kompetenz ein: Sie definieren die Anforderungen der Geschäftsführung an geeignete Kandidaten. Zum anderen können Sie Ihre Erfahrung aus einer Vielzahl von Vorstellungsgesprächen und Assessment Centern einsetzen, um die Qualität der Personalentscheidungen zu verbessern. Beides, Ihre Kompetenz und Ihre Erfahrung, bündeln Sie zu einer einzigartigen Kombination, um Ihrem Kunden zu besseren Personalentscheidungen zu verhelfen.

Sie werden sehen: Mit der relativ einfachen Fragestruktur (Was? Warum? Wie? Was habe ich davon? Warum sind Sie die Besten für den Job?) wird es Ihnen gelingen, Ihre Ideen häufiger zu realisieren und Ihr Team zu überzeugen.

## 4.4 Den Blick auf das Positive richten

Es ist eine Ihrer wichtigsten Aufgaben als Führungskraft, Ihre Mitarbeiter zu außerordentlichen Leistungen zu führen. Sie haben bereits eine Vielzahl an Einflussfaktoren und Voraussetzungen dafür kennengelernt. Den Blick auf das Positive zu richten, ist dabei ein zentrales Element.

Selbstverständlich beeinflussen externe Rahmenbedingungen und Ihre eigene Persönlichkeit diesen Blick. Entwickelt sich der Markt ungünstig und muss Ihr Unternehmen an vielen Fronten kämpfen, haben Sie eher eine realistische Grundeinstellung mit einem leichten Hang zum Pessimismus, wird es Ihnen schwerfallen, immer das Positive zu sehen.

Wenn Sie es jedoch schaffen, Ihren Fokus und den Fokus Ihrer Mitarbeiter auf positive Dinge zu lenken und zu bewahren, dann erreichen Sie einen unschätzbaren strategischen Vorteil: Sie spielen auf Sieg. Es gibt Branchen, Unternehmen und Führungskräfte, deren Unternehmenskultur und Verhalten von Risikovermeidung bestimmt wird, zum Beispiel die Organisationen der öffentlichen Verwaltung und ehemalige Staatsunternehmen bzw. Unternehmen mit Beteiligung des Bundes, von Bundesländern oder Kommunen.

Die oberste Priorität dieser Organisationen liegt häufig (historisch meist verständlich) darin, rechtssicher zu handeln und keine Fehler zu machen. In diesen Organisationen werden sich Bedenkenträger und Skeptiker sehr wohl fühlen. Freigeister, die in Veränderungen vor allem Chancen sehen und diese auch ergreifen wollen, sind hier fehl am Platz.

Chancen zu ergreifen und Risiken einzugehen, ist eine unabdingbare Voraussetzung für den Erfolg privaten Unternehmertums im Sinne echter Wertschöpfung für die Gesellschaft, den Markt und die Kunden. Erinnern Sie sich an die Komfortzone (Abb. 1.1)? Wenn Sie darauf aus sind, Verluste zu vermeiden, vermeiden Sie auch, dass Sie selbst und Ihr Team sich weiterentwickeln.

Schaffen Sie es dagegen, Ihren eigenen Blick und die Augen Ihrer Mitarbeiter auf das Positive zu lenken, auf Chancen und Lösungen, auf das, was möglich ist, weg von dem, was nicht sein kann, dann beschreiten Sie den Weg zum Erfolg als Führungskraft.

Zwei Beispiele aus dem Sport veranschaulichen, was es bedeutet, auf Sieg zu spielen:

Denken Sie an die Bilder von Sprints in der Leichtathletik oder im Radsport: Im Gesicht der Sieger zeigt sich der unbedingte Wille, als Erster ins Ziel zu gehen. In diesen Momenten spitzt sich die Fokussierung auf den Sieg bei den Sprintern und Rennradfahrern am stärksten zu.

Einer der besten Tennisprofis der Welt, Novak Djokovic, erhielt von seinem ehemaligen Trainer Boris Becker sicher keine Ratschläge, wie er seinen Aufschlag zu verbessern hatte. Vielmehr wird Djokovic von Beckers Erfahrung als langjähriger erfolgreicher Tennisprofi und mehrfacher Gewinner von Grand-Slam-Turnieren profitiert haben.

Früher lächelte ich häufig darüber, wenn Spitzensportler wie Boris Becker oder Oliver Kahn in Interviews nach Niederlagen sagten, dass es ihnen an mentaler Stärke mangelte, um zu gewinnen. Heute weiß ich, dass sie recht hatten. Nehmen wir einmal an, zwei Spitzensportler auf demselben Leistungsniveau treffen fit und ausgeruht aufeinander: Mit Sicherheit wird derjenige siegen, der heißer auf den Erfolg ist.

Mit dem Willen zum Erfolg können Sie sogar Ihre eigene Unzulänglichkeit ausgleichen. Beispiel: Zwei Fußballteams treten in einem K.-o.-Spiel im Pokal gegeneinander an, das heißt, es gibt nur ein Spiel, das über Ausscheiden und Weiterkommen entscheidet. Das eine Team spielt erfolgreich in der Bundesliga, das andere dümpelt in der dritten Liga im Mittelfeld vor sich hin. Der Bundesligist mit den deutlich besseren Spielern ist klarer Favorit, der Drittligist nur Außenseiter. Allerdings: Die Mannschaft weiß, dass sie nur diese eine Chance hat, im Pokalwettbewerb weiterzukommen. Zudem hat sie nichts zu verlieren. Dementsprechend treten die Spieler des Drittligisten auf: Sie geben sprichwörtlich alles. Die Mannschaft des Bundesligisten hingegen tritt mit aufreizender Lässigkeit und fehlender Anspannung auf. Was glauben Sie? Hat die auf dem Papier deutlich schlechter gestellte Mannschaft eine Chance zu gewinnen? Die Sportgeschichte jedenfalls kennt viele Beispiele, in denen ein David den vermeintlichen Goliath zu Fall brachte.

Für Sie als Führungskraft bedeutet das: Sie selbst brauchen den Willen zum Erfolg. Und Sie haben die Verantwortung, nicht nur Ihren eigenen, sondern auch den Blick Ihrer Mitarbeiter auf das Positive zu richten. Dann können Sie auch gegen vermeintlich bessere Wettbewerber bestehen. Impfen Sie Ihrem Team diese Einstellung ein!

## 4.5 Mit Entschiedenheit Führungskraft sein

Wer A sagt, muss auch B sagen: Wenn Sie sich für eine Führungslaufbahn entschieden haben, müssen Sie diesen Weg auch konsequent gehen. Das bedeutet für Sie, nicht nur Führungskraft zu sein, sondern Führung zu leben und Verantwortung zu übernehmen. Das gilt für Ihre positive Einstellung ebenso wie für die viel diskutierte Sandwich-Position im mittleren Management.

Natürlich werden Sie von unterschiedlichen Stakeholdern und deren Interessen und Wünschen beeinflusst und beansprucht:

- Ihr direkter Vorgesetzter, vielleicht auch der Geschäftsführer, Vorstand oder Gesellschafter des Unternehmens, jeder hat konkrete Erwartungen an Ihre Leistung und Ihre Ergebnisse als Manager.
- Jeden Tag werden Sie als Führungskraft mit Wünschen, Fragen und Problemen Ihrer Mitarbeiter konfrontiert. Sie müssen dafür sorgen, dass sie ihre Arbeit erledigen können. Und dafür sollten Sie vertrauensvolle Beziehung zu Ihren Mitarbeitern aufbauen.
- Darüber hinaus erwarten Kunden, Lieferanten oder Dienstleister jeden Tag Leistung und Feedback von Ihnen.

Nehmen wir das Beispiel Personalentwicklung: Als Führungskraft ist es Ihr Job, Ihre Mitarbeiter im Sinne des Unternehmens zu fördern und zu fordern, um die definierten Ziele zu erreichen. Aus den Anforderungen an Ihre Mitarbeiter und einer Standortbestimmung definieren Sie gemeinsam mit einem externen Dienstleister adäquate Personalentwicklungsmaßnahmen und investieren einen fünfstelligen Betrag in Ihre Mannschaft. Als Führungskraft investieren Sie so Ihre eigene Zeit und die finanziellen Ressourcen Ihres Arbeitgebers in die Entwicklung Ihrer Mitarbeiter. Eine sinnvolle Entscheidung, oder?

Als Manager haben Sie die Aufgabe, Ihr Personalbudget in angemessenem Rahmen zu halten. Jede Stelle, jede Position, jeder Mitarbeiter muss seine Kosten rechtfertigen. Schon allein daraus entsteht eine Verantwortung dem Unternehmen gegenüber. Zeigen Ihre Mitarbeiter, dass sich aus der Sicht ihres Arbeitgebers die Investitionen in sie gelohnt haben, werden Sie keine Probleme haben, diese Kosten zu rechtfertigen. Verkaufen Ihre Verkäufer nach den Schulungsmaßnahmen erfolgreicher, konstruieren Ihre Ingenieure besser, arbeitet das Team erfolgreicher, ist alles fein. Was aber, wenn sich Ihre Investitionen in die Mitarbeiter nachvollziehbar nicht rechnen? Dann haben Sie ganz schnell das Controlling am Hals und dann unangenehme Gespräche mit Ihren Chefs, die Sie unter Druck setzen. Sparen Sie sich in der nächsten Budgetrunde deswegen die Investitionen, beschweren sich die Mitarbeiter bei Ihnen.

Mir fallen andere Beispiele aus meiner Zeit als leitender Angestellter ein, die diesen Zwiespalt verdeutlichen:

- Ihr Arbeitgeber muss Personalkosten einsparen, Stellen werden wegfallen. Sie wissen, wen es in Ihrem Team treffen wird (haben es vielleicht selbst vorgeschlagen), dürfen aber nichts sagen, weil sie den Laden am Laufen halten müssen.
- Sie entdecken, dass Ihr neuer Arbeitgeber seine Kunden mit falschen Angaben über seine Produkte betrügt. Sie setzen intern alles daran, diesen Betrug zu beenden. Währenddessen verkaufen Ihre Verkäufer unwissentlich weiterhin das Produkt mit falschen Angaben und lügen jeden Tag ihre Kunden an.
- Ihre Kunden, Vertriebspartner und Mitarbeiter warten sehnsüchtig auf ein neues, längst angekündigtes Produkt. Sie wissen um die explodierenden Kosten in der Produktentwicklung. Der Ausstieg wäre längst die beste Alternative. Stattdessen pumpt der Vorstand immer mehr Geld in das Projekt, verbunden mit dem Hinweis, dass Sie die Investitionen im Vertrieb schon wieder reinholen werden. Dabei weiß jeder, dass diese Erwartung unrealistisch ist.

Ich bin sicher, dass Ihnen eine Menge weiterer Beispiele einfallen werden. Den täglichen Spagat schaffen Sie als Führungskraft nur mit einer entschiedenen Haltung.

Dabei müssen Sie die Vor- und Nachteile und Konsequenzen Ihres Handelns immer wieder gegeneinander abzuwägen.

Zurück zum Beispiel Personalentwicklung: Die möglichen Vorteile, wenn Sie Ihre Mitarbeiter fördern, sind unter anderem mehr Umsatz und eine verbesserte Qualität der Arbeitsprozesse in Ihrem Team und seines Outputs. Nachteile: Sie strapazieren Ihr Budget (bzw. das Ihres Unternehmens) und gehen Risiken ein, weil sie ja nicht sicher sein können, ob Ihre Mitarbeiter tatsächlich das Mehr an Leistung erbringen, das Sie sich von den Personalentwicklungsmaßnahmen erhoffen. Diese Verantwortung für dieses Risiko zu übernehmen gehört als unternehmerische Führungskraft dazu. Entscheiden Sie erst, wie Sie handeln, wenn Sie diese Vor- und Nachteile bestmöglich gegeneinander abgewogen haben.

Aber: Lassen Sie sich weder von Ihrem Arbeitgeber noch von Ihren Mitarbeitern ausnutzen!

Sind Sie mit der Strategie, den Entscheidungen oder Moralvorstellungen Ihres Arbeitgebers dauerhaft nicht zufrieden, gehen Sie den Weg so lange mit, wie Sie es vertreten können. So lange, wie Sie eine Chance auf Veränderung in die richtige Richtung sehen. Ist diese Chance nicht mehr gegeben, endet meiner Meinung nach Ihre Loyalitätspflicht. Irgendwann müssen Sie als Führungskraft die Konsequenzen ziehen und das Unternehmen verlassen. Leider kenne ich viel zu viele Führungskräfte, die auch dann noch an Bord bleiben, wenn es für sie schon lange nicht mehr tragbar ist. Darunter leidet die eigene Gesundheit und ihre Familie. So sehr ich die Angst vor Arbeitslosigkeit oder finanziellen Nachteilen verstehen kann: Verlassen Sie die vermeintlich sichere Komfortzone und wenden Sie sich neuen, spannenden Aufgaben zu. Wer sagt, dass Sie nicht selbst schon auf der Abschlussliste stehen? Ich bin sicher, es gibt für jeden von Ihnen spannende Entdeckungen außerhalb ihres aktuellen Unternehmenskosmos.

In Bezug auf Ihre Mitarbeiter gilt: Sie sind nicht der Feelgood-Manager, der seinen Mitarbeitern jeden Wunsch von den Augen abliest und dafür sorgt, dass sie es sich in ihrer Komfortzone gemütlich einrichten. Vor allen Dingen sollen Sie nicht die Arbeit Ihrer Mitarbeiter erledigen. Prüfen Sie die Anfragen, die an Sie herangetragen werden, denn hinter einem vordergründigen Wunsch (zum Beispiel: „Chef, ich brauche mehr Gehalt, und Du musst mich bei diesem Vorhaben unterstützen!“) steckt oft das Bedürfnis nach Anerkennung („Ich wünsche mir mehr Aufmerksamkeit“).

Wenn Sie sich für eine Karriere als Führungskraft entschieden haben, existiert für Sie das Sandwich-Problem nicht. Sie denken und handeln im Sinne Ihres Unternehmens, solange Sie es verantworten können, und zwar als Führungskraft und Manager, nicht als Betriebsrat!

## 4.6 Verantwortung zeigen

Es gibt Führungskräfte, die ihre Fähigkeiten überschätzen. Andere Führungskräfte hingegen sind sich ihrer Position, Autorität und Macht nicht bewusst und nehmen sich selbst nicht so wichtig.

Sich zurücknehmen zu können ist im Privatleben durchaus eine angenehme und sympathische Eigenschaft, im beruflichen Kontext jedoch kann sie zum echten Problem werden.

Sich selbst nicht für wichtig zu halten, kann Ausdruck fehlenden Selbstbewusstseins oder falscher Bescheidenheit sein. Beides führt allerdings zu verantwortungslosem Verhalten. Ein Geschäftsführer, dem es an Selbstbewusstsein mangelt („Ich bin nicht o. k.") oder der zu bescheiden ist, stellt seine eigene Meinung zurück, richtet seine Entscheidungen an den Vorschlägen seiner Mitarbeiter aus oder lässt sich durch externe Rahmenbedingungen zu Entscheidungen treiben. Damit macht er es sich zu einfach. Wenn etwas schiefläuft, zieht er entweder seine Mitarbeiter oder die Umstände zur Verantwortung. Viele Führungskräfte handeln so. Werden sie damit ihrer Verantwortung gerecht? Nein.

Denn jede Entscheidung, die Sie, egal auf welcher Hierarchieebene, im Unternehmen treffen, fällt auf Sie als Führungskraft zurück. Fragen Sie sich deshalb bei Fehlentwicklungen in Ihrem Unternehmen, Ihrer Abteilung oder Ihrem Team immer: Was habe ich selbst falsch gemacht? Wie hätte ich eingreifen sollen, um Fehler zu verhindern oder zu minimieren?

Dazu gehört, dass Sie sich vor Ihre Mannschaft stellen und eigene Fehler einräumen. Dabei fällt Ihnen kein Zacken aus der Krone, ganz im Gegenteil. Die Achtung in Ihrem Team, Ihrer Abteilung, in der Führungsebene vor Ihnen und Ihrer Bereitschaft, Verantwortung zu übernehmen, steigt:

- Ihre Mitarbeiter werden es Ihnen danken, dass sie Fehler auf Ihre Kappe nehmen, und sich zukünftig noch stärker für Sie ins Zeug legen.
- Für Ihre Vorgesetzten/Anteilseigner sind Sie der Verantwortliche. Sie sehen, dass Sie bei Fehlern nicht flüchten oder die Verantwortung auf andere abschieben, sondern zu Ihren Aufgaben und Ihrer Verantwortung stehen, die sich aus Ihrer Position ergeben.

Übernimmt eine Führungskraft Verantwortung auch und gerade dann, wenn Dinge aus dem Ruder laufen, zeigt sie ein gesundes Selbstbewusstsein, und dass sie verstanden hat, worin die Kraft der Führung besteht: im Bewusstsein dafür, dass die Autorität und Macht ihrer Position mit Verantwortung einhergeht.

## 4.7 Vorbild sein

Als Führungskraft sind Sie automatisch Vorbild für Ihre Mitarbeiter. Ihr eigenes Verhalten wird sich zumindest teilweise im Verhalten Ihrer Mitarbeiter widerspiegeln.

Umfragen, in denen Berufstätige nach ihren Vorbildern gefragt werden, kommen häufig zu diesem Ergebnis: die eigene Mutter ist das Vorbild schlechthin. Auch andere Personen im näheren privaten Umfeld gelten als Vorbilder. In unserem Arbeitsumfeld finden wir aber eher selten Vorbilder, die Impulsgeber, Wertevermittler und Inspirationsquellen sind.

Dabei ist die Wirkung von Vorbildern durchaus positiv, denn sie haben einen positiven Einfluss auf das Belohnungssystem in unserem Gehirn. Wenn wir an ein erfolgreiches Vorbild denken, sind wir viel motivierter, dessen Taten nachzueifern.

Es ist sogar möglich, sich selbst mithilfe von Vorbildern zu übertreffen: Der Psychotherapeut Vladimir Raikov versetzte seine Probanden in Tiefenhypnose und suggerierte ihnen, ein herausragender Kopf der Geschichte zu sein. Tatsächlich entwickelten seine Klienten in diesem Zustand Fähigkeiten, die weit über ihren eigenen lagen (Mai 2011). Auf diesem sogenannten Raikov-Effekt basiert heute eine verbreitete Motivationsmethode, um die eigenen Stärken zu fördern (Wenger und Poe 2004). Im Rahmen dieser soll man sich in ein Vorbild hineinversetzen und sich fragen: Was hätte mein Vorbild an meiner Stelle getan?

Ikea-Gründer Ingvar Kamprad machte sich das Erfolgsrezept „Retail is detail" (Einzelhandel ist Detailarbeit) seines amerikanischen Vorbilds, dem WalMart-Begründer Sam Walton, zu eigen. Wie der Chef der weltweiten Supermarktkette besuchte Kamprad unermüdlich jedes einzelne seiner Geschäfte und fragte Kunden nach Verbesserungsvorschlägen. Kamprad schaffte es so, den einzigen weltweit erfolgreichen Möbeleinzelhandel aufzubauen.

Für Entwicklungspsychologen wie Albert Bandura haben Vorbilder – allgemein formuliert – vor allem die Funktion des „Lernens am Modell". Es geht nicht nur darum, Identifikationsfiguren nachzuahmen. Nach Bandura beobachten Personen die Verhaltensweisen ihrer Vorbilder, organisieren diese neu oder fügen sie zu neuen Kombinationen zusammen (Bandura 1991, 1994).

Die Organisationspsychologie wiederum leitete daraus ein bewährtes Instrument zur Personalentwicklung ab, das heute jeder kennt: das Mentoring, das seinen Namen einer Figur der griechischen Mythologie verdankt: Mentor heißt in Homers „Odyssee" jener wohlwollende und weise Freund, der den Sohn des Odysseus berät.

Ein Vorbild kann sehr hilfreich sein, wenn es darum geht, ein Team zu Höchstleistungen zu inspirieren. Es kann aber ebenso negative Konsequenzen haben. So werden Verhaltensweisen von Profifußballern auf und neben dem Platz kopiert, ob sie sich mit schnellen Autos zeigen oder auf dem Spielfeld als unsportliche Rüpel auftreten. Von ihren jungen Anhängern werden diese Verhaltensweisen allzu oft unkritisch und unreflektiert übernommen. Was für Spitzensportler gilt, ist auch für Sie sehr wichtig: Seien Sie sich Ihrer Vorbildfunktion bewusst!

Im Gegensatz zu Kindern, die ihre Vorbilder zufällig und unbewusst finden, haben Erwachsene ein bestimmtes Suchbild im Kopf: Sie suchen nach ihresgleichen.

Wenn Sie zum Beispiel leistungsorientiert sind und sich für Fußball interessieren, liegt es nahe, dass Sie einen erfolgreichen Fußballer als Vorbild betrachten. Finden Sie Produktdesign (Kreativität) und/oder die Informationstechnologie (Perfektionismus) spannend, sind Sie vielleicht von Steve Jobs fasziniert. Und als politisch interessierter Mensch (Macht) beobachten Sie möglicherweise das Verhalten von Angela Merkel ganz genau.

Prominente sind für viele Menschen heute noch Vorbild. Allerdings fällt es diesen Prominenten zunehmend schwer, diese Rolle zu 100 % erfüllen, denn die Wahrscheinlichkeit ist heute sehr groß, dass früher gut gehütete Geheimnisse öffentlich bekannt werden. Diese Personen haben in ihrem Leben jeweils sehr viel erreicht, aber können sie deshalb uneingeschränkt Vorbilder sein?

- **Uli Hoeneß** ist sicherlich ein Vorbild hinsichtlich seines Engagements beim Aufbau einer der erfolgreichsten Fußballvereine der Welt, seiner Arbeit in einer Vielzahl von Ehrenämtern und wegen seiner Spenden. Aber er wurde wegen Steuerhinterziehung in Millionenhöhe zu einer Haftstrafe verurteilt.
- **Franz Beckenbauer** ist vielleicht der beste deutsche Fußballer aller Zeiten, seine Rolle bei der Vergabe der Fußball-WM 2006 an Deutschland und den damit zusammenhängenden Geldströmen ist zwielichtig.
- **Steve Jobs** war ein Visionär, der mit innovativen, perfekt designten und verarbeiteten Apple-Produkten die Welt verändert hat. Allerdings soll er gegenüber seinen Mitarbeitern ein Despot gewesen sein.
- **Angela Merkel,** laut Forbes-Magazin die mächtigste Frau der Welt und für das Time Magazin „Person of the Year 2015“. Sie steht für eine abwartende Politik, entscheidet aber in anderen Situationen ad hoc und scheinbar ohne Plan (Energiewende, Flüchtlingspolitik). Ein möglicher Nachfolger ist nicht in Sicht, weil sie sich anscheinend auch nicht darum gekümmert hat, einen aufzubauen.

**Für Ihre Rolle als Führungskraft lassen sich aus diesen Beispielen unter anderem folgende Schlüsse ziehen:**

- Ihre Stellung als Führungskraft bringt es automatisch mit sich, dass Sie als Vorbild betrachtet werden. Davor können Sie nicht die Augen verschließen, selbst, wenn Sie nur einen einzelnen Mitarbeiter führen.
- Beobachten Sie Ihr eigenes Verhalten im Umgang mit anderen Menschen und reflektieren Sie Ihre Einstellung zur Ihrer Arbeit. Fragen Sie sich, welche Wirkung Sie damit bei Ihren Mitarbeitern erzielen.
- Sie entscheiden durch Ihr Verhalten, wie sehr Ihre Mitarbeiter Sie als Vorbild anerkennen. Sie beeinflussen maßgeblich damit die Kultur in Ihrem Team, in Ihrer Abteilung und in Ihrem Unternehmen. „Kultur" umfasst dabei Aspekte wie Werte, allgemeingültige Regeln, die Kommunikation, die Einstellung zur Arbeit, den Umgang mit Konflikten, positives Denken usw.
- Machen Sie sich frei von dem Gedanken, perfekt sein zu müssen.

Wenn Sie Ihre Rolle als Vorbild annehmen, schätzen Sie Ihre Mitarbeiter, bauen ein stabiles Vertrauensverhältnis zu ihnen auf, entwickeln sie weiter und übertragen ihnen Verantwortung, und sie gehen mit einer positiven Einstellung und gesundem Erfolgswillen an ihre Arbeit.

## 4.8 Durch wirksame Rhetorik beeinflussen

Einen Bereich Ihres Verhaltens können Sie relativ leicht trainieren: Ihre Kommunikation. Mit den richtigen Kommunikationswerkzeugen (vgl. Abschn. 2.3.6) können Sie ein Gespräch erfolgreich zum Ziel führen (Fragetechniken), das gegenseitige Verständnis verbessern, Mitarbeiter dazu befähigen, die Lösung für ein Problem selbst zu finden (Aktives Zuhören) oder sie zur Änderungen ihres Verhaltens bewegen (Feedback und mehrteilige Ich-Botschaft).

Aktives Zuhören funktioniert allerdings nur dann, wenn Ihr Mitarbeiter die Lösung für sein Problem bereits (unbewusst) in sich trägt. Nur dann schaffen Sie es, Ihren Mitarbeiter beim Finden der Lösung zu begleiten.

Aber manchmal sind Mitarbeiter nicht in der Lage, ihr Problem selbst zu lösen. Dann benötigen sie Unterstützung, um über andere Wege als die ihnen bekannten nach Lösungen zu suchen. Für solche Fälle ist es sinnvoll, kommunikative Botschaften einzusetzen, mit denen Sie Ihre Mitarbeiter besonders wirksam zum Reflektieren und zur Verhaltensänderung bewegen können. Diese

Werkzeuge fasse ich deswegen unter der Überschrift „wirksame Rhetorik“ zusammen.

Hiermit entwickeln Sie selbst Ihre Sprache zu einem Instrument, mit dem Sie sowohl Ihr eigenes Denken und Handeln als auch das Denken und Handeln Ihrer Mitarbeiter beeinflussen können. Handelt es sich hierbei um Manipulation? Ja, sicherlich. Solange Sie Ihre Fähigkeiten aber im Sinne des Unternehmens, der Mitarbeiter und des gemeinsamen Erfolgs einsetzen, finde ich sie sehr nützlich und überhaupt nicht verwerflich. Ich nenne Ihnen einige Beispiele (eine ausführliche Übersicht finden Sie im Anhang in Tab. 7.5):

- **Verwenden Sie aktive Worte und Satzkonstruktionen**
  - Beispiel: „Wir haben die Wahl: Entweder wir entscheiden uns für A oder für B.“ statt „Wir werden zu einer Entscheidung zwischen A und B gezwungen.“
  - Wirkung: Sie vermitteln, dass Sie das Heft des Handelns in der Hand halten.
- **Aussagen begründen**
  - Beispiel: „Das ist sinnvoll für Sie, **weil** Sie folgenden Nutzen davon haben: …“
  - Wirkung: Eine Bitte hat mehr Aussicht auf Erfolg, wenn sie begründet wird, die Wahrscheinlichkeit steigt, dass Sie Ihr Gesprächsziel erreichen.
- **Bildhafte Sprache verwenden**
  - Beispiel: „Ohne objektive Kriterien hat unsere Vereinbarung keinen Bestand. Ein solides Haus benötigt eine verlässliche Statik, sonst werden wir unter den Trümmern begraben.“
  - Wirkung: Sie erzeugen Aufmerksamkeit und verdeutlichen die Konsequenzen von Handeln oder Nicht-Handeln.

Als passende Lektüre empfehle ich Ihnen eines meiner Lieblingsbücher: Dale Carnegie hat es bereits in den 1930er-Jahren geschrieben. Es heißt in der Urfassung „How to win friends and influence people“ (Carnegie 1936, 1981), auf Deutsch „Wie man Freunde gewinnt: Die Kunst, beliebt und einflussreich zu werden“ (Carnegie 2011).

## 4.9 Einwänden souverän begegnen

Wenn Mitarbeiter trotz aller rhetorischen Bemühungen nicht das gewünschte Verhalten an den Tag legen, liegt es vielleicht daran, dass sie immer noch Einwände oder Vorwände gegenüber einer Aufgabe haben. Diese Aussagen kommen Ihnen bestimmt bekannt vor:

- Das haben wir schon einmal versucht, das hat aber nicht funktioniert.
- Das ist nicht realistisch.
- Das ist viel zu kompliziert.
- Ich habe keine Zeit dafür.
- Das ist nicht meine Aufgabe.

Wie gehen Sie als Führungskraft mit diesen Aussagen um? Zunächst müssen Sie lernen, zwischen Vorwänden und Einwänden unterscheiden: Bringt Ihr Mitarbeiter substanzielle Argumente vor, die geprüft werden sollten, handelt es sich um einen Einwand. Einwände sind immer sachlich begründet und werden eher in einem späteren Teil eines Gesprächs oder Prozesses geäußert. Als Führungskraft müssen Sie offen sein und die begründeten Argumente Ihres Mitarbeiters respektieren. Der wiederum fühlt sich so ernst genommen, was zunächst einmal Ihre Beziehung stärkt.

Vorwände hingegen sind vorgeschobene Ausreden und kommen häufig schon zu Beginn eines Gespräches vor. Versuchen Sie im Gespräch, herauszuarbeiten, ob Ihr Mitarbeiter einen Ein- oder einen Vorwand liefert. Dabei hilft Ihnen insbesondere die Technik des aktiven Zuhörens. Damit finden Sie auch heraus, ob Ihr Mitarbeiter Ihnen überhaupt zugehört hat. Es gibt Mitarbeiter, die Aufgaben nicht annehmen, weil sie sie nicht verstanden haben. Dann müssen Sie über entsprechende Fragen sicherstellen, dass sie Sie verstehen. Andere wiederum verstehen zwar, was sie tun sollen, sind sich aber nicht sicher, ob sie sie bewältigen können, weil ihnen vielleicht die Fach- oder Methodenkompetenz fehlt. Wenn sie merken, dass ihr Mitarbeiter in dieser Hinsicht an seine Grenzen stößt, sagen Sie ihm Ihre Unterstützung und Entwicklungsmaßnahmen zu.

Wiederum andere Mitarbeiter sind vielleicht Experten auf einem Fachgebiet, ihnen fehlt aber die persönliche Offenheit für neue Erfahrungen und Ideen. Sie wollen keine Veränderungen und möchten, dass alles so weiterläuft wie bisher. Sagen Sie ihnen, dass Sie sie als Experten brauchen. Die notwendigen Veränderungen sind sinnvoll, um möglichst wenig des Bestehenden zu ändern. Wenn Ihr Mitarbeiter selbst darauf kommt, dass bestimmte Veränderungen notwendig sind, sind es idealerweise seine eigenen Expertenvorschläge, die er letztlich umsetzt.

Nehmen Sie folgendes Beispiel: Stellen Sie sich vor, Sie haben zwei Mitarbeiter mit vergleichbarer Fach- und Methodenkompetenz, von denen einer der beiden eine wichtige Aufgabe übernehmen soll. Ist der betreffende Mitarbeiter damit erfolgreich, ist ihm viel Anerkennung seitens der Geschäftsleitung sicher, denn das Projekt leistet einen elementaren Beitrag zur Entwicklung Ihrer Abteilung. Eventuell sind sogar eine Beförderung und ein Bonus möglich. Beide Mitarbeiter haben jedoch Vorbehalte, das Projekt zu übernehmen.

Der eine Mitarbeiter hat ein ausgeprägtes Selbstbewusstsein und glaubt, Ihren Job besser machen zu können als Sie. Ist er darüber hinaus kaum ins Team integriert und geriert sich gern als Bedenkenträger, sind Konflikte mit Ihnen unausweichlich. Zumal er alle Welt wissen lässt, dass Ihr Weg nicht der richtige ist und er selbst der bessere Chef wäre: „Lasst uns keine Energie mit diesem Thema verschwenden. Ich weiß, dass das nicht funktionieren kann." Deswegen wettert er regelmäßig gegen Ihre Pläne und Vorschläge und versagt Ihnen seine Unterstützung. Regelmäßig lehnt er es ab, Aufgaben von Ihnen zu übernehmen. Wie bekommen Sie den Mitarbeiter dazu, sich trotzdem zu engagieren?

Der andere Mitarbeiter hat Sie schon häufig unterstützt. Auch gegen Vorbehalte aus den Reihen der Kollegen hat er sie verteidigt, weil er ihnen vertraut, dass Sie das Team auf den richtigen Weg bringen. Das hat ihm den Ruf eingebracht, Ihr Lakai zu sein, obwohl er erwiesenermaßen exzellente Arbeit leistet. Dieser Ruf ist ihm unangenehm. Wenn Sie ihm jetzt ein weiteres, wichtiges Projekt übertragen, wird er dieses Image bei den Kollegen noch verstärken. Obwohl er sehr gerne für Sie arbeitet, sagt er: „Sie wissen, Chef, dass ich mich sehr gerne für Ihre Projekte einsetze. Das Projekt ist auch sehr interessant, nur glaube ich, dass dieses Mal ein anderer dran ist, die Lorbeeren einzuheimsen." Wie schaffen Sie es, die Vorbehalte dieses Mitarbeiters auszuräumen?

In beiden Fällen müssen Sie herausfinden, was das Problem hinter dem Problem ist. Vielleicht sind es die Bedürfnisse, Interessen und Motive Ihrer Mitarbeiter (vgl. Abschn. 2.1.1). Erhält der eine Mitarbeiter durch die neue Aufgabe mehr **Anerkennung,** die er sich so sehnlich wünscht? Bekommt er von Ihnen und seinen Kollegen mehr **Respekt,** wenn er die Aufgabe erfolgreich löst? Wird er in eine **Gruppe** aufgenommen, zu der er vorher keinen Zugang hatte? Oder ist ihm die eigene **Weiterentwicklung** wichtig? In diesem Fall, wäre die Aussicht auf eine Personalentwicklungsmaßnahme ein Hebel, um so einen Mitarbeiter zum Beispiel von der Übernahme eines Projekts zu überzeugen. Vielleicht ist es auch der **finanzielle Bonus,** der einen Mitarbeiter zur Übernahme des Projektes bewegt. Dies sollte allerdings idealerweise nicht das einzige Motiv sein.

Erkunden Sie die Motive Ihrer Mitarbeiter anhand der drei Dimensionen Leistung, Macht und Freundschaft (vgl. Abschn. 2.1.1). Ist der eine **leistungsorientiert?** Dann reizen Sie ihn mit einem Wettbewerb. Ist sein Motiv die **Macht,** ermöglicht ihm das Projekt den Kontakt zu anderen wichtigen Personen im Unternehmen. Oder will er sich in Ihrem Glanz sonnen? Vielleicht legt der andere Mitarbeiter Wert auf eine besonders gute **Beziehung** zu Ihnen und unterstützt Sie deswegen.

Wie Sie Einwänden souverän begegnen und die einzelnen Ansätze anwenden, ist in Tab. 4.1 dargestellt. Ziehen Sie zur Unterstützung die einzelnen Bausteine

**Tab. 4.1** Einwänden souverän begegnen

| Aussage des Mitarbeiters | Ihre Verständnisformulierung | Ansatz |
|---|---|---|
| Das haben wir schon einmal gemacht, das hat noch nie funktioniert | Interessant, dass Sie das sagen | Wie genau sind Sie beim letzten Mal vorgegangen? |
| Das ist nicht realistisch | Ich kann verstehen, dass Sie das so sehen | Welche Vorgehensweise halten Sie denn für geeignet? |
| Das ist viel zu kompliziert | Ich weiß, dass das eine Menge Arbeit ist | Was brauchen Sie, um die Komplexität zu bewältigen? |
| Ich habe keine Zeit dafür | Ich weiß, dass Sie viel beschäftigt sind | Ich kann diese Aufgabe keinem anderen übertragen. Welche Unterstützung benötigen Sie von mir? |
| Das ist nicht meine Aufgabe | Das ist schade, dass Sie das so sehen | Wie kann ich Sie denn besser einsetzen? |
| Lasst uns keine Energie mit diesem Thema verschwenden. Ich weiß, dass das nicht funktionieren kann | Ich bin genauso wie Sie für Effizienz | Wie können Sie denn wissen, dass wir keinen Erfolg haben werden?<br>Ich weiß, dass unser Wettbewerb vor der gleichen Aufgabe steht. Die dürfen in diesem Rennen aber nicht gewinnen |
| Sie wissen, Chef, dass ich mich sehr gerne für Ihre Projekte einsetze. Das Projekt ist auch sehr interessant, nur glaube ich, dass dieses Mal ein anderer dran ist, die Lorbeeren einzuheimsen | Ich weiß Ihre Loyalität sehr zu schätzen | Woran liegt es, dass Sie mich dieses Mal nicht unterstützen möchten? |

zu den Fragetechniken (Abschn. 2.3.7), zum aktiven Zuhören (Abschn. 2.3.8) und der wirksamen Rhetorik (Abschn. 4.8) hinzu und schauen sich die ausführlichen Übersichten im Anhang an.

Haben Sie durch geschicktes Fragen und Zuhören Vorwände enttarnt, sagen Sie Ihrem Mitarbeiter deutlich, dass Sie Vorwände nicht akzeptieren, zum Beispiel so:

- „Das ist ein Vorwand und kein Argument. Vorwände lasse ich für unsere Diskussion nicht gelten.“

- „Normalerweise liefern Sie gute Argumente. In dem Fall bin ich erstaunt, dass Sie mit mir auf der Basis von solchen Vorwänden diskutieren wollen."

Geben Sie Ihrem Mitarbeiter noch einmal die Gelegenheit, stichhaltige Argumente zu liefern: „Haben Sie etwas Handfestes für mich?". Entwickelt er keine Argumentation, sondern hält an seiner Meinung ohne Begründung fest, sagen Sie ihm das deutlich. Abhängig von der Situation führen Sie ihn nun dazu, sich zu beteiligen. Stellen Sie fest, dass Ihre Hoffnung auf Einsicht bei ihm nicht fruchtet, geben Sie ihm die Anweisung zu handeln, oder suchen Sie eine andere Lösung.

Kommt diese ärgerliche Situation häufiger beim gleichen Mitarbeiter vor, geben Sie ihm unmissverständliches Feedback. Sind die Vorkommnisse erfolgskritisch, führen Sie ein Kritikgespräch. Sehen Sie langfristig keine Entwicklung zum Positiven bei ihm, trennen Sie sich von ihm.

**Fragen Sie sich selbst:**
- Wie schwer fällt es Ihnen, Einwände oder Vorwände Ihrer Mitarbeiter zu entkräften?
- Was glauben Sie, woran das liegt?

## 4.10 Auf Sieg spielen und Fehler erlauben

Der Begriff „Spiel auf Sieg" beschreibt den Zustand, wenn zwei wesentliche Faktoren erfüllt sind: Es besteht eine vertrauensvolle Beziehung zwischen Führungskraft und Mitarbeiter, und die Führungskraft hat es geschafft, die richtige Haltung und Leistungsbereitschaft zu entwickeln (Abb. 4.2).

Vertrauen bedeutet, Mitarbeiter zu fördern. Haltung und Leistung bedeutet, Vorbild zu sein, die Mitarbeiter zu fordern, sie zu Risikobereitschaft zu ermutigen und ihnen herausfordernde Ziele zu setzen.

Wenn Sie einen Ihrer Mitarbeiter nur fordern, aber nicht fördern, entwickeln Sie als Führungskraft eine überlegene, dominante Position. Motto: Ich schreite voran, und wer nicht mitzieht, ist selbst schuld.

Führungskräfte, die wenig fordern und fördern, kapseln sich ab, denn sie interagieren und kommunizieren nicht mit ihren Mitarbeitern und können so mit ihren Teams auch keine magischen Momente erleben.

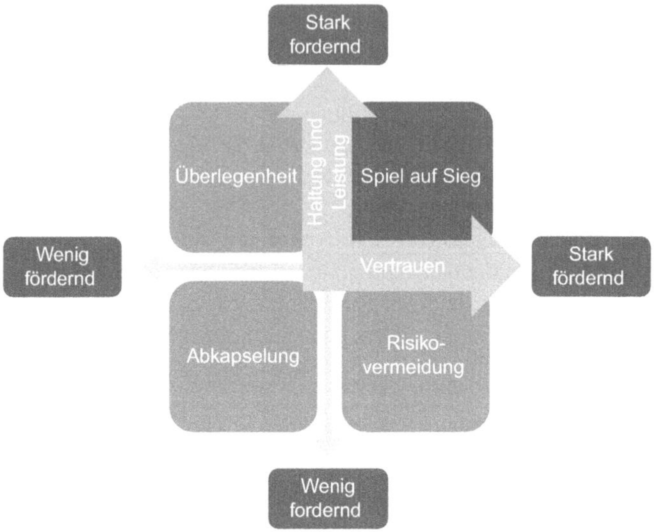


**Abb. 4.2** Spiel auf Sieg. (Eigene Darstellung in Anlehnung an Kohlrieser et al. 2013)

Führungskräfte, die ihre Mitarbeiter dagegen wenig fordern, aber stark fördern, sind vielleicht bei ihren Mitarbeitern beliebt. Diese Mitarbeiter folgen ihren Chefs. Sie gehen aber keine Risiken ein, denn sie verlassen ihre Komfortzone nicht. Das ist zwar bequem, magische Momente sind aber ebenso wenig möglich.

### Fehler erlauben

Wer Chancen ergreift, geht Risiken ein. Ein Risiko einzugehen bedeutet, dass Fehler passieren können oder ein Scheitern möglich ist. Gestehen Sie Ihren Mitarbeitern zu, Fehler machen zu können, genauso wie Sie sich selbst Fehler erlauben sollten.

Deshalb ist es so wichtig, dass Sie gemeinsam mit Ihren Mitarbeitern eine sichere, stabile Vertrauensbasis schaffen, bilateral mit jedem einzelnen Mitarbeiter, aber auch multilateral, sodass im gesamten Team eine Atmosphäre gegenseitigen Vertrauens herrscht. In so einer Atmosphäre sind Ihre Mitarbeiter bereit, Risiken einzugehen, weil sie das Vertrauen ihrer Kollegen genießen, vor allem aber Ihr Vertrauen als Führungskraft.

Ermutigen Sie Ihre Mitarbeiter, Risiken einzugehen, indem Sie eine „fehlerfreundliche" Haltung an den Tag legen: Wer nichts riskiert, macht keine Fehler. Aber er tritt auch auf der Stelle, kommt nicht voran, gewinnt nichts, sondern verwaltet nur das, was er schon erreicht hat. Entscheidend ist nicht, Fehler zu vermeiden, sondern allein, wie wir mit Fehlern umgehen: wieder aufstehen, Mund abputzen und weitermachen. Und: aus Fehler lernen, nicht denselben Fehler zweimal machen.

## 4.11 Fazit: Ihre Haltung als Führungskraft und wie Sie die Leistungsbereitschaft der Mitarbeiter fördern

Kurzer Rückblick: Zunächst haben Sie es geschafft, eine vertrauensvolle, belastbare Beziehung zu Ihren Mitarbeitern aufzubauen. Dies ist eine unabdingbare Voraussetzung für erfolgreiche Führungsarbeit und Basis für den nächsten Schritt: die Fähigkeiten Ihrer Mitarbeiter zu prüfen und weiterzuentwickeln und selbst zu lernen, zu delegieren und loszulassen.

Als Führungskraft brauchen Sie eine positive Einstellung, die auch auf Ihre Mitarbeiter ausstrahlt. Daher richten Sie Ihren eigenen Blick und den Ihrer Mitarbeiter auf Positives. Sie sind Vorbild, übernehmen Verantwortung und demonstrieren dies durch die Rhetorik, die Sie verwenden.

Gleichzeitig schaffen Sie es, die Bedenken, Einwände und Vorwände der Mitarbeiter zu entkräften und darzulegen, was es bedeutet, auf Sieg zu spielen. Wer Risiken eingeht, macht Fehler. Sie erlauben deshalb Ihren Mitarbeitern und sich selbst, Fehler zu machen. Damit Sie und Ihre Mitarbeiter daraus lernen und wissen, was Sie und Ihr Team beim nächsten Mal besser machen können.

**Zusammenfassung Haltung und Leistungsbereitschaft entwickeln**
Nach diesem Modul sollten Sie sich folgenden Themenbereichen bewusst sein und daran arbeiten können:
**Ihre Ziele sollten sein:**

- Als Führungskraft bin ich bereit, Verantwortung zu übernehmen und eine positive Haltung zu zeigen.
- Meine Mitarbeiter sind bereit, meinen Weg mitzugehen und zeigen ihre Leistungsbereitschaft.

**Um diese Inhalte sollte es in Ihrer Führungsfunktion gehen:**

- Positive Einstellung als Basis für Erfolg
- Beantworten Sie, warum Sie die Besten sind
- Richten Sie den Blick auf das Positive

- Entwickeln Sie Gewinner-Mentalität
- Vorbild sein
- Mit wirksamer Rhetorik beeinflussen
- Vorwände enttarnen und Einwänden souverän begegnen
- Auf Sieg spielen und Fehler erlauben

**Diese Werkzeuge und Techniken sollten Sie beherrschen:**

- Adaptierter 4-Mat-Cycle
- Wirksame Rhetorik
- Einwandbehandlung

**Der Nutzen, den Sie daraus ziehen, sollte Sie sagen lassen:**

- Sie wissen, was es bedeutet, als Führungskraft Verantwortung zu übernehmen.
- Der Mitarbeiter ist bereit, seine Komfortzone zu verlassen und Risiken einzugehen.

## Literatur

Bandura, A. 1991. *Sozial-kognitive Lerntheorie*. Stuttgart: Klett Cotta.

Bandura, A. 1994. *Lernen am Modell. Ansätze zu einer sozial-kognitiven Lerntheorie*. Stuttgart: Klett Cotta.

Carnegie, D. 1936. *How to win friends and influence people*. New York: Simon & Schuster.

Carnegie, D. 1981. *How to win friends and influence people*. New York: Carnegie.

Carnegie, D. 2011. *Wie man Freunde gewinnt: Die Kunst, beliebt und einflussreich zu werden*. Frankfurt: Fischer Taschenbuch.

Cuddy, A.J.C., Wilmuth, C.A., und Carney, D.R. 2012. The benefit of power posing before a high-stakes social evaluation. Harvard Business School Working Paper 13–027. http://nrs.harvard.edu/urn-3:HUL.InstRepos:9547823. Zugegriffen: 2. Apr. 2017.

Kohlrieser, G., Goldsworthy, S., und Coombe, D. 2013. *Fördern und fordern. Effektive Führung mit sicherer Basis*. Weinheim: Wiley-VCH.

Mai, J. 2011. Raikov Methode: Das geborgte Genie. http://karrierebibel.de/raikov-methode/. Zugegriffen: 2. Apr. 2017.

McCarthy, B. 2006. *Teaching around the 4mat(r) cycle: Designing instruction for diverse learners with diverse learning styles*. Thousand Oaks: Corwin.

Merton, R.K. 1965. Die Eigendynamik gesellschaftlicher Voraussagen. In *Logik der Sozialwissenschaften*, Hrsg. Ernst Topitsch. Köln: Kiepenheuer & Witsch.

Wenger, W., und R. Poe. 2004. *Der Einstein-Faktor*, 4. Aufl. Kirchzarten: VAK.

# 5 Ziele definieren und erreichen: Modul 4

> Es ist nichts als die Tätigkeit nach einem bestimmten Ziel, was das Leben erträglich macht.
> Friedrich von Schiller, Briefe (1801)

Das vierte Modul des Führungsmodells „Trust-based Leadership" gibt Ihnen die Werkzeuge an die Hand, um Ziele für sich und Ihre Mitarbeiter zu definieren, sie für Ihre Mitarbeiter attraktiv zu gestalten und sie gemeinsam mit Ihren Mitarbeitern zu erreichen, vielleicht sogar zu übertreffen! Dabei erfahren Sie zudem, wie Sie Zielvereinbarungsgespräche als wichtiges Führungsinstrument souverän führen und dafür nutzen, Ihre Mitarbeiter zu fordern und zu fördern.

In den bisherigen Kapiteln haben Sie viele Instrumente kennengelernt, mit denen Sie Ihre Führung erfolgreich gestalten können: Sie wissen, dass Vertrauen die Grundlage für erfolgreiche Führung ist. Sie kennen die Faktoren, die den Aufbau von Vertrauen zwischen Ihnen und Ihren Mitarbeitern beeinflussen. Sie sind in der Lage, Ihre Mitarbeiter zu beurteilen und sie gemäß ihren Stärken weiterzuentwickeln. Sie können ihnen qualifiziertes Feedback geben, im Zweifel aber auch Kritikgespräche führen. Sie wissen, dass Sie mit Ihrer Einstellung und Ihrem Verantwortungsbewusstsein eine Vorbildfunktion übernehmen. Sie kennen psychologische und rhetorische Werkzeuge, mit denen Sie die Ein- und Vorwände Ihrer Mitarbeiter entkräften können, die sie dabei behindern, ihre Arbeit zu erledigen.

Die genannten Aspekte bezeichnen viele als „weiche" Faktoren, weil sie mit der Beziehung zwischen Menschen zu tun haben. Wenn Sie als Führungskraft erfolgreich sein möchten, bedeutet das, sich auch mit „harten" Themen auseinanderzusetzen. Ein wichtiges Thema ist dabei das Thema „Ziele".

Ziele sind eines der Kernthemen im Management. Ziele sind für Sie als Manager deshalb von Bedeutung, weil Sie sich an ihnen orientieren können. Ziele helfen Ihnen beim Planen und sind die Grundlage dafür, dass Sie Maßnahmen



M. Schmiedel, *Trust-based Leadership – Führen durch Vertrauen*,
DOI 10.1007/978-3-658-14875-1_5

ableiten und Ihren Erfolg kontrollieren können. Wenn Sie Ihre Ziele nicht erreichen, müssen Sie Maßnahmen ergreifen, um diese Fehlentwicklungen zu korrigieren, um die Ziele doch noch zu realisieren.

Ziele sind aber nicht nur ein Management-, sondern auch ein Führungsinstrument. Als Führungskraft müssen Sie Ziele für Ihren Verantwortungsbereich, Ihre Abteilung oder Ihr Team ableiten. Sie müssen dafür sorgen, dass Ihre Mitarbeiter die Ziele nicht nur verstehen, sondern sich auch mit ihnen identifizieren und mit größtmöglichem Einsatz verfolgen.

Wie sich der Umgang mit Zielen aus der Management- und aus der Führungsperspektive unterscheidet, zeigt Tab. 5.1.

Allgemein gilt: Ohne Ziele wissen Sie nicht, ob und wie erfolgreich Sie agieren, ob als Führungskraft oder als Manager. Sie benötigen Ziele, damit Sie wissen, ob und wie Sie die Ziele, die Sie für sich und Ihr Team gesteckt haben, erreichen.

Ziele zu setzen und damit die richtigen Anreize zu definieren fällt vielen Unternehmen abseits der Vertriebsabteilung schwer. Den Verkauf können Sie in der Regel sehr gut an Umsatz- oder Deckungsbeitragskennziffern messen. Für viele Verkäufer sind die Provision oder der Bonus, den sie durch ihre Verkaufserfolge erzielen, ein wichtiger Antreiber. Häufig sind diese Mitarbeiter wettbewerbs- und leistungsorientiert, das heißt, sie fühlen sich wohl dabei, an ihren Leistungen gemessen zu werden und können mit dem Druck gut umgehen.

In kreativen Abteilungen wie der Produktentwicklung fällt es vielen Mitarbeitern dagegen schwer, sich mit Zielen auseinanderzusetzen. Das hängt damit zusammen, dass neben harten Finanzkennzahlen andere Bewertungskriterien angesetzt werden müssen.

Ich bin jedoch überzeugt davon, dass Sie für jeden Bereich und jede Position im Unternehmen Ziele ableiten und definieren können, wenn es sein muss, auch für den Pförtner. Achten Sie darauf, dass Sie Ihre Ziele nach der SMART-Formel definieren:

**Tab. 5.1** Unterschied im Umgang mit Zielen aus der Management- und aus der Führungsperspektive

| Managementperspektive | Führungsperspektive |
|---|---|
| Planen | Ziele für sich selbst und seine Mitarbeiter ableiten |
| Umsetzen | Ziele kommunizieren |
| Kontrollieren | Ziele vereinbaren |
| Korrigieren | Sich mit Zielen identifizieren |

- Spezifisch = möglichst konkret.
- Messbar = in Einheiten für Geld, Zeit oder Qualität.
- Attraktiv = erstrebenswert
- Realistisch = erreichbar unter Berücksichtigung aller Rahmenbedingungen
- Terminiert = innerhalb eines definierten Zeitraums.

Auch mit einem Pförtner können SMARTE Ziele vereinbart werden. Ihm einfach den „Auftrag" zu geben, dass alles im Eingangsbereich gut laufen soll, ist keine Zieldefinition. Sie können zum Beispiel vereinbaren, dass er für alles verantwortlich ist, was unmittelbar vor und am Werkstor passiert. Abgeleitet aus den Richtlinien für die Unternehmenssicherheit könnten die Kriterien für die Zielvereinbarung mit einem Pförtner folgendermaßen lauten:

- **Jeder** Besucher/Gast erhält eine Sicherheitsunterweisung.
- **Jeder** Besucher/Gast erhält einen Besucherausweis und gibt diesen bei Verlassen wieder ab.
- Der Besucherparkplatz ist **immer** frei zu halten von unternehmenseigenen Fahrzeugen (das heißt, der Pförtner darf auch dem Vorstand untersagen, dort zu parken).
- Das Erscheinungsbild des Eingangs ist immer im ordentlichen Zustand zu halten (hier wäre dann noch der Begriff „ordentlich" zu definieren).

Nehmen wir ein anderes Beispiel: Angenommen, Sie leiten den Vertriebsinnendienst eines Unternehmens. Abhängig von den Aufgaben Ihres Teams können Sie folgende Ziele formulieren:

1. Ihr Innendienst hat die Aufgabe, eingehende Anrufe und Nachrichten entgegenzunehmen und zu beantworten. Die Zieldefinition könnte so lauten: „Jeder (= 100 %) eingehende Kundenkontakt (Inbound) im Innendienst wird innerhalb von sechs Stunden beantwortet und das Ergebnis wird dokumentiert."
2. Es gibt die Überlegung, mit Bestandskunden zusätzliche Umsätze zu generieren. Für dieses Up- oder Cross-Selling vereinbaren Sie mit Ihren zuständigen Mitarbeitern konkrete Angebots- und Umsatzziele pro Produktgruppe. Beispiel für eine Zieldefinition:
   - Jedem der 1000 Bestandskunden, der Produkt A kauft, sollen die Mitarbeiter das Zusatzprodukt B (für 100.- EUR) anbieten.
   - Sie rechnen mit 25 % Erfolgswahrscheinlichkeit.
   - Ihr Ziel für den Zusatzumsatz beträgt 250 × 100.- EUR = 25.000.- EUR.

3. Sie lassen den Wettbewerb von Ihren Mitarbeitern beobachten und nutzen diese als zusätzliches Akquiseteam. Ziel: Der Vertriebsinnendienst ruft alle Wettbewerbskunden an, um das eigene Produkt anzubieten und zu verkaufen. Beispielhafte Zieldefinition:
   - Der Vertriebsinnendienst ruft 100 % der Ihnen bekannten Wettbewerbskunden (Anzahl: 3000) an, um das eigene Produkt anzubieten und zu verkaufen.
   - Nehmen wir an, Sie kalkulieren mit 50 Arbeitswochen, in denen Ihr Team aktiv ist. 60 Anrufe pro Woche sind notwendig. Bei drei Mitarbeitern im Team sind das 20 Anrufe pro Woche für jeden Mitarbeiter (und damit ein mögliches Ziel).
   - Nehmen wir an, Sie rechnen mit einer Erfolgswahrscheinlichkeit von zehn Prozent, also 300 Kunden, die Ihr Produkt kaufen. Bei durchschnittlich 500.- EUR pro Auftrag liegt Ihr Zielumsatz also bei 300 × 500.- EUR, also 150.000.- EUR.
4. Sie wollen mehr über die Zufriedenheit Ihrer Kunden erfahren und setzen Ihren Innendienst dafür ein. Beispielhafte Zieldefinition:
   - Der Vertriebsinnendienst ruft 100 % aller Bestandskunden an und stellt die folgenden Fragen:
     Wie zufrieden sind Sie mit der Qualität der Produkte/Dienstleistung?
     Wie zufrieden sind Sie mit der Quantität der Produkte/Dienstleistung?
     Wie zufrieden sind Sie mit unserem Service?
     Würden Sie unser Unternehmen weiterempfehlen?
   - Die Mitarbeiter dokumentieren die Erkenntnisse in einer Datenbank.

Die Ergebnisse der Kundenbefragung können Sie nutzen, um Produkte, Strukturen und Prozesse zu optimieren, oder, sofern die Ergebnisse für Sie befriedigend sind, als Marketinginstrument einsetzen. Natürlich müssen Sie jedem der Ziele und Maßnahmen Aufwand und Ertrag gegenüberstellen und rechtfertigen.

## 5.1 Zielhierarchien

Doch wie genau definieren Sie Ihre Ziele? In Abschn. 3.1 haben Sie bereits erfahren, wie Sie aus den Unternehmenszielen schrittweise die Anforderungen an Ihre Mitarbeiter ableiten.

Ihre Geschäftsführung, Ihr Vorstand oder die Anteilseigner müssen ein zukünftiges Bild Ihres Unternehmens entwerfen, an dem sich alle Mitarbeiter einschließlich der Führungskräfte orientieren.

In gut geführten Unternehmen existiert ein schriftlich formuliertes Leitbild, eine Vision oder eine Mission. Daraus leitet die Unternehmensführung Ziele für das Unternehmen ab. Je nach Hierarchieebene definieren Sie auf dieser Basis Bereichs-, Abteilungs-, Team- und Individualziele.

## 5.2 Zieldimensionen

SMARTE Ziele können Sie auf unterschiedliche Dimensionen im Unternehmen anwenden. Für die Konkretisierung von Zielen bieten sich Dimensionen an, die dem Konzept der Balanced Scorecard folgen (Kaplan und Norton 1997, 2005). Ich habe gute Erfahrungen damit gemacht, die Dimensionen und Ansatzpunkte (vgl. Tab. 5.2) nach eigenem Bedarf zu formulieren, anzupassen und zu gewichten.

Es liegt an der Unternehmensleitung, die Globalziele des Unternehmens als Orientierungspunkte vorzugeben. Im Prozess der Zieldefinition ist es dann sinnvoll, die Stimmen der Mitarbeiter anzuhören und gegebenenfalls ihre Vorschläge zu berücksichtigen. Denn dass sich Ihre Mitarbeiter mit den Zielen identifizieren, ist für Ihren Erfolg als Führungskraft ausschlaggebend.

**Tab. 5.2** Zieldimensionen

| Dimension | Ansatzpunkte für Zielformulierung |
|---|---|
| Finanzen | • Umsatz<br>• Ergebnis<br>• Deckungsbeitrag |
| Kunden und Markt | • Marktanteile<br>• Anzahl Neukunden<br>• Neukundenquote |
| Produkte | • Anzahl neuer Produkte<br>• Umsatzanteil neuer Produkte<br>• Deckungsbeitrag pro Produkt |
| Interne Prozesse und Strukturen | • Abrechenbare Beratungstage versus nicht abgerechnete<br>• Pünktlichkeit in Projekten<br>• Aufbau einer neuen Abteilung |
| Mitarbeiter | • Personalkostenquote<br>• Entwicklungsmaßnahmen für einzelne Mitarbeiter |

## 5.3 Attraktivität von Zielen

Ob Ziele erstrebenswert, das heißt attraktiv für Ihre Mitarbeiter sind, können Sie nur bedingt beeinflussen, denn unterschiedliche Ziele wirken auf Mitarbeiter unterschiedlich attraktiv.

Wie Sie wissen, bestimmen unsere Bedürfnisse und unsere Motive zu einem großen Teil unser Handeln (vgl. Abschn. 2.1.1). Ihre Mitarbeiter können zwar teilweise und kurzzeitig ihr Handeln und Verhalten an ihre Aufgaben anpassen. Langfristig und ausdauernd werden sie Ziele aber nur verfolgen, wenn sie sich tatsächlich damit identifizieren. Diese Identifikation wiederum ist nur möglich, wenn die Ziele in hohem Maße ihren Bedürfnissen und Motiven entsprechen.

Für Sie als Führungskraft bedeutet das also: Nur, wenn Sie die Bedürfnisse, Interessen und Motive Ihrer Mitarbeiter kennen und ihnen anbieten können, zumindest einen Teil dieser Bedürfnisse im Rahmen ihrer Arbeit befriedigen zu können, werden sie diese Ziele als attraktiv empfinden. Sorgen Sie also dafür, dass Sie und Ihre Mitarbeiter sich mit den Unternehmens-, Abteilungs- und Individualzielen identifizieren können. Dann werden sie sich langfristig für den gemeinsamen Erfolg engagieren.

Probieren Sie es doch einmal aus: Welche Ziele erscheinen für welche Mitarbeiter mit welchen Bedürfnissen, Interessen, Motiven oder Persönlichkeitsmerkmalen attraktiv (vgl. Tab. 5.3)?

Beispiel: Für eher kontaktscheue Mitarbeiter ist es generell nicht nur schwierig, sondern wegen ihres Naturells geradezu unmöglich, viele Neukunden anzusprechen, geschweige denn, zu akquirieren. Für einen Mitarbeiter, der eher

**Tab. 5.3** Attraktivität von Zielen auf unterschiedliche Mitarbeitertypen

| Zieldimension | Beispielhaftes Ziel | Attraktiv für folgende Mitarbeitertypen |
|---|---|---|
| Finanzen | Deckungsbeitrag für Produkt X auf 25 % erhöhen | Gewissenhaft und zahlenorientiert |
| Kunden und Markt | 20 % mehr Neukunden pro Jahr | Leistungs- und wettbewerbsorientiert, kontaktstark |
| Produkte | 3 neue Produktideen pro Jahr | Kreativ, offen für neue Erfahrungen |
| Interne Prozesse und Strukturen | Projektzeitpläne zu 100 % einhalten | Gewissenhaft, durchsetzungsstark |
| Mitarbeiter | Weiterbildung hinsichtlich BWL-Kenntnissen und Controlling | Hohe Lern- und Entwicklungsbereitschaft, hohe Zahlenorientierung |

kreative Aufgaben zum Beispiel im Marketing verantwortet, ist eine ausgeglichene Bilanz am Jahresende weniger erstrebenswert als für den gewissenhaften Buchhalter.

## 5.4 Unrealistische Ziele und ihre Wirkung

Einige Unternehmen setzen Ziele, die für ihre Mitarbeiter und Führungskräfte nicht erreichbar sind. Dies hat häufig politische Gründe, weil Anteilseigner, Kreditgeber oder die Unternehmensleitung zumindest auf dem Papier zufriedengestellt werden müssen. Das komplette Unternehmen läuft dann das Jahr über diesen Zahlen hinterher. Arbeiten Sie in einem solchen Unternehmen, halten Sie sich am besten an diesen Spruch: Love it, change it or leave it!

So manches Mitglied der Unternehmensleitung will vermeiden, dass seine Mitarbeiter die Ziele erreichen, damit keine variable Vergütung oder Provision fällig wird. Mögen Sie die Zahlentricksereien, das Glaskugelschauen und Ziele-Würfeln (viele beschäftigen sich meist ab der Sommerpause bis zum Jahresende damit): Viel Spaß! Wenn Sie es tatsächlich schaffen, dieses alljährliche Ritual zu ändern und halbwegs erreichbare Ziele durchzusetzen, dann: Hut ab!

Allen anderen, die keine Lust auf diese Spielchen haben, sollten das Unternehmen verlassen, denn jährlich grüßt das Murmeltier. Anders formuliert: Aus diesem Hamsterrad kommen Sie nicht mehr heraus. Das geht sogar so weit, dass die Mitarbeiter sich selbst betrügen (müssen) und das Ritual zum Teil der Unternehmenskultur machen. Nach jedem Planungsmeeting fragen sie sich: Was hat sich die Führung dieses Jahr wieder Schönes ausgedacht? Welchen Zahlen dürfen wir im nächsten Jahr hinterherlaufen?

Verkaufsleiter haben in solchen Unternehmen einen schweren Stand, wenn sie die unrealistischen Zahlen ihrem Team vorstellen. Da gerade in Verkaufsabteilungen die variable Vergütung von den vorgegebenen Zielen abhängt, streichen diese Mitarbeiter im Kopf bereits die nächste Urlaubsreise oder den neuen Kühlschrank und überlegen, wie sie das Sparprogramm ihrer Familie erklären sollen.

Und trotzdem müssen Sie als Führungskraft zeigen, dass Sie daran glauben und Ihre Mitarbeiter auf diese Ziele einschwören. Das ist wirklich eine heroische Herausforderung!

Denn welche Wirkung haben unrealistische Ziele auf Ihre Mitarbeiter? Sie demotivieren, weil die Mitarbeiter schon am Jahresanfang wissen, dass ihre ganze Mühe umsonst ist, weil sie es sowieso nicht schaffen, irgendjemanden zufriedenzustellen, weder Sie, noch die Geschäftsführung noch die Familie. Wer will schon in so einem Betriebsklima arbeiten?

**Fragen Sie sich selbst:**

- Unter welchen Bedingungen sind welche Ziele für Sie attraktiv?
- Mit welchen Zielen können Sie sich besonders gut identifizieren?

## 5.5 Management-by-Methoden

Genauso wie unterschiedliche Ziele für verschiedene Menschen unterschiedlich attraktiv sind, sind auch Management-by-Methoden nicht global für jedes Unternehmen, jede Unternehmenskultur und jeden Mitarbeiter im Unternehmen gleichermaßen geeignet.

**Management by Exception** beispielsweise bedeutet, dass Sie eingreifen, wenn Abweichungen von der Norm auftreten, zum Beispiel im Produktions- oder Logistikprozess, wenn also ein Produkt statt wie geplant innerhalb eines Tages erst nach eineinhalb Tagen fertig wird. Die Mitarbeiter sind im Routinegeschäft selbstständig tätig (bzw. sich selbst überlassen, wenn die Führungskraft ihren Aufgaben nicht nachkommt), die Führungskraft dementsprechend entlastet (und gegebenenfalls weit weg vom operativen Tagesgeschäft). Es soll schon vorgekommen sein, dass Mitarbeiter Normabweichungen verschleiert haben, um sie nicht erklären zu müssen. Drehen sich die Gesprächsthemen mit dem Vorgesetzten immer nur um negative Themen, wenn Mitarbeiter Fehler gemacht oder vereinbarte Ziele nicht erfüllt haben, ist das auf die Dauer für keinen Beteiligten zufriedenstellend, sondern viel eher demotivierend.

**Management by Delegation** ist letztlich eine Methode, die einer Ihrer Hauptaufgaben als Führungskraft, das Delegieren, in ein Konzept überführt und das Ganze als „Übertragen von Verantwortung" bezeichnet. Management by Delegation als eigenes Konzept zu begreifen, halte ich für problematisch, vor allem dann, wenn es in einem Unternehmen allen Bereichen, Abteilungen, Teams und Mitarbeiter übergestülpt wird. Als Führungskraft können Sie ja nur delegieren, wenn Sie überzeugt davon sind, dass Ihre Mitarbeiter kompetent und handlungsfähig sind (Abschn. 3.5). Mitarbeitern mit unzureichenden Kompetenzen werden Sie kaum Aufgaben übertragen, für die sie nicht das fachliche und/oder methodische Know-how mitbringen. Und die Verantwortung dafür werden Sie ihnen erst recht nicht geben.

**Management by Results** meint einen Führungsansatz, der allein auf der Betrachtung und Analyse von Ergebnissen basiert, also dem Vergleich zwischen Soll und Ist. SMARTE Ziele zu definieren und am Ende eines Prozesses das tatsächliche Ergebnis damit abzugleichen, gehört zum Handwerk einer Führungskraft, schließlich wollen Sie ja wissen, wie Sie und Ihr Team abgeschnitten haben. Allerdings mangelt es diesem Konzept an Möglichkeiten, Mitarbeiter an der Definition von Soll-Zuständen zu beteiligen. Zudem berücksichtigt es kaum individuelle Mitarbeiterkompetenzen.

**Management by Systems** ist ein Konzept, das auf der betriebswirtschaftlichen Systemtheorie basiert. Demnach strebt ein Unternehmen einen möglichst hohen Grad an Selbstregulation durch computergestützte Systeme an. Dieses Konzept eignet sich offensichtlich für Unternehmen mit hoch automatisierten Prozessen. In Betrieben oder Abteilungen dagegen, die auf die Kreativität ihrer Mitarbeiter angewiesen sind, ist es fehl am Platz.

Nicht jede Management-by-Methode ist also für jedes Unternehmen, jede Unternehmenskultur und jeden Mitarbeiter gleich geeignet. Eines gilt jedoch für alle Unternehmen und Führungskräfte: **Sie benötigen Ziele, um ihren Erfolg zu messen.** Zudem wissen wir, dass unterschiedliche Ziele für unterschiedliche Mitarbeiter unterschiedlich attraktiv sind.

Deshalb gilt unser besonderes Augenmerk dem Konzept des **Management by Objectives,** des Führens mit Zielen. Auch dafür gilt wie für alle Prinzipien und Methoden erfolgreicher Führung: Sie müssen es konsequent vorleben, kommunizieren und umsetzen. Wenn Sie erfolgreich mit Zielen führen wollen, müssen diese also nicht nur SMART formuliert, sondern auch attraktiv und realistisch zu erreichen sein.

Darüber hinaus muss die Unternehmensleitung sicherstellen, dass alle Beteiligten im Unternehmen dasselbe Verständnis vom Führen mit Zielen haben. Jede Führungskraft muss wissen, wie sie Ziele definiert. Schließlich müssen alle Beteiligten die Ziel- und Bewertungskriterien verstanden haben und gleich anwenden.

Beispiel: Orientieren sich Ihre Ziele an dem Auftragseingang oder am Umsatz in Ihrem Geschäftsjahr? Ein Auftrag bedeutet noch lange keinen Zahlungseingang. Der erzielte Umsatz wiederum hilft Ihnen nicht weiter, wenn Sie es nicht schaffen, einen positiven Deckungsbeitrag zu erwirtschaften. Benennen Sie die Ziele, die wirklich relevant für Sie sind. Formulieren Sie die Zielkriterien möglichst konkret und sorgen Sie dafür, dass jeder Mitarbeiter sie versteht.

## 5.6 Zielvereinbarungsgespräche

Damit jeder Mitarbeiter weiß, welche Ziele für ihn gelten, führen Führungskräfte in vielen Unternehmen Zielvereinbarungsgespräche mit ihren Mitarbeitern, allerdings häufig mehr schlecht als recht. Das liegt meist daran, dass Führungskräfte nicht darauf vorbereitet sind und bestenfalls mit irgendwelchen Formularen und Anleitungen allein gelassen werden. Oder haben Sie schon einmal erlebt, dass sich Ihr Vorgesetzter die Zeit genommen hat, um mit Ihnen Zielvereinbarungsgespräche durchzusprechen und zu üben, damit Sie selbst für diese Gespräche mit Ihren eigenen Mitarbeitern gewappnet sind?

Dabei ist das Instrument des Zielvereinbarungsgesprächs sehr wertvoll, denn Führungskraft und Mitarbeiter sprechen nicht nur über die Ziele und damit über die Prioritäten für das nächste Geschäftsjahr, sondern auch darüber, wie sie diese erreichen wollen und welche Rahmenbedingungen dafür notwendig sind.

### 5.6.1 Zielvereinbarungsgespräche vorbereiten

Vor allem, wenn Sie das erste Mal in Ihrem Berufsleben Zielvereinbarungsgespräche als Führungskraft führen, sollten Sie diese Gespräche vorbereiten. Dazu gehört, sie zunächst im Kopf durchzuspielen, bevor Sie sie real angehen. Zielvereinbarungsgespräche sind für Ihre Mitarbeiter und für Sie selbst ein wichtiger Termin im Jahr.

Stellen Sie sicher, dass Sie und Ihr Mitarbeiter wissen, wann und wo das Gespräch stattfindet. Halten Sie den geplanten Termin auf jeden Fall ein! Was glauben Sie, welches Signal Sie aussenden, wenn Sie das Gespräch ein- oder gar mehrmals verschieben oder verpassen? Ihr Mitarbeiter wird sich im besten Fall denken: „Jetzt weiß ich, wie wichtig meinem Chef das Gespräch ist und wie wichtig letztlich ich selbst bin."

Wird außer Ihnen beiden noch jemand am Gespräch teilnehmen? Manchmal haben Sie Personalabteilungen oder Vorgesetzte, die Sie dabei unterstützen möchten. Denken Sie daran, dass Ihre Autorität als Führungskraft eventuell darunter leidet, wenn ein Dritter aktiv daran teilnimmt oder sogar die Gesprächsführung an sich reißt.

Legen Sie für sich fest, ob Sie direkt im ersten Gespräch eine Zielvereinbarung mündlich und/oder schriftlich erzielen wollen und können. Möglicherweise ist es sinnvoller, den Prozess auf zwei Termine aufzuteilen, um das erste Gespräch nicht zu überfrachten. Im ersten schaffen Sie dann die Grundlagen dafür, dass Sie die Zielvereinbarung im Zweitgespräch abschließen können.

Sie sind bereits Experte für die Bedürfnisse und die Persönlichkeitsmerkmale Ihres Mitarbeiters. Zieldimensionen und Ziele sind für unterschiedliche Menschen unterschiedlich interessant (siehe Abschn. 5.3). Nutzen Sie Ihre Kenntnisse und Ihre Erfahrungen, was Ihre Mitarbeiter betrifft, und bereiten Sie sich auf mögliche Einwände und Vorwände vor. Fragen Sie sich, wie Sie Ziele oder Zieldimensionen für unterschiedliche Mitarbeiter schmackhaft machen können.

So stark Ihr Vertrauensverhältnis sein mag: Eine bessere Gelegenheit als das Zielvereinbarungsgespräch, um Ihnen etwas in Bezug auf ihre eigene Leistungsfähigkeit vorzuspielen, bekommen Ihre Mitarbeiter selten. Wenn Sie über quantitative Ziele reden, hinterfragen Sie die Aussagen Ihrer Mitarbeiter über das, was möglich ist. Im Idealfall sind Sie auf die zu diskutierenden quantitativen Ziele gut vorbereitet. Nutzen Sie die sehr gute Möglichkeit, die Behauptungen Ihrer Mitarbeiter zu prüfen. Definieren Sie neben dem Ist einen Zielkorridor für das Soll im nächsten Geschäftsjahr. Stimmen Sie diesen Korridor mit der nächsthöheren Ebene im Unternehmen ab.

Die qualitativen Ziele beschreiben letztendlich die Maßnahmen, die Ihr Mitarbeiter ergreifen wird, um die quantitativen Ziele zu erreichen. Diese können sehr vielfältig sein und reichen von der Datenpflege über die Marktbearbeitung bis zum Einhalten von internen Prozessen. Sicherlich gibt es einige Aspekte, über die sie nicht diskutieren werden, weil Sie diese ohnehin als selbstverständlich erachten, zum Beispiel eine sorgfältige Datenpflege. Aber sicher werden Sie genauso einige Ziele identifizieren, anhand derer Sie die Stärken Ihrer Mitarbeiter stärken können, insbesondere Aufgaben, die Ihre Mitarbeiter besonders gut und gerne erledigen.

Letztendlich münden Ihre Vorbereitungen in der Frage: Kann Ihr Mitarbeiter unter den gegebenen Rahmenbedingungen die angestrebten Ziele erreichen? Nehmen Sie sich in der Vorbereitung auf ein Zielvereinbarungsgespräch die Zeit, sich die Kompetenzen Ihres Mitarbeiters vor Augen zu führen und über mögliche Maßnahmen nachzudenken, um seine berufliche Entwicklung zu fördern. Diese sind in vielen Unternehmen nicht Teil von Zielvereinbarungsgesprächen, ermöglichen aber eine wunderbare Verknüpfung zu weiteren Mitarbeiter- und Feedbackgesprächen. Das heißt: Wenn Sie mit einem Ihrer Mitarbeiter im Zielvereinbarungsgespräch Fortbildungsmaßnahmen vereinbaren, haben Sie in den darauffolgenden Monaten immer wieder die Gelegenheit, ihn auf diese Maßnahmen anzusprechen, zum Beispiel in einem Feedbackgespräch, wenn er die Erkenntnisse aus diesen Maßnahmen bereits einige Zeit in seiner Arbeit umgesetzt hat (Tab. 5.4).

Für Ihren Verantwortungsbereich müssen Sie einen Zielkorridor vorgeben. Da, wo es möglich ist, lassen Sie die Mitarbeiter am Entscheidungsprozess über Ihre Ziele teilhaben. Engagierte Mitarbeiter wissen, wo ihre Stärken und Vorlieben liegen, und was sie unter gegebenen Rahmenbedingungen erreichen können. Nehmen Sie sie beim Wort, lassen Sie sie mitentscheiden, und packen Sie sie bei ihrem Ehrgeiz (Abschn. 4.8). Ihr unschlagbarer Vorteil: Mitarbeiter,

**Tab. 5.4** Vorbereitung von Zielvereinbarungsgesprächen

| Thema | Inhalt |
|---|---|
| Organisation | Wann findet das Gespräch statt?<br>Wo findet das Gespräch statt?<br>Wer nimmt teil?<br>Was ist das Gesprächsziel? (Erstgespräch, finales Gespräch) |
| Mitarbeiter | Bedürfnisse, Interessen und Motive<br>Persönlichkeitsmerkmale |
| Quantitative Ziele | Status Ist<br>Zielkorridor Soll<br>Portfolioumsatz<br>Auftragseingang und Umsatz<br>Deckungsbeitrag |
| Qualitative Ziele | Welche Maßnahmen kann der Mitarbeiter ergreifen, um die quantitativen Ziele zu erreichen?<br>Datenqualität und Datenpflege<br>Marktbearbeitung<br>Kundenansprache<br>Projekte<br>Prozesse |
| Persönliche Ziele | Maßnahmen der beruflichen Weiterentwicklungsmaßnahmen in diesen Bereichen:<br>Fachwissen (zum Beispiel Wettbewerbs- und Produktkenntnisse)<br>Methodik (zum Beispiel Gesprächsführung, Moderation, Projektmanagement, Selbstmanagement)<br>Haltung (zum Beispiel Informationsaustausch, Einstellung)<br>Persönlichkeitsmerkmale (zum Beispiel Kontaktstärke, Offenheit für neue Ideen) |

die am Entscheidungsprozess über ihre eigenen Ziele beteiligt sind, identifizieren sich mit der Vereinbarung und den Zielen viel mehr, als Mitarbeiter, die (im schlimmsten Fall unattraktive und unrealistische) Ziele vorgegeben bekommen.

Alle Ziele auf der Individualebene sollten über die Team-, Abteilungs- und Bereichsebene hinweg zu den Unternehmenszielen führen. Sorgen Sie, zumindest in Ihrem Verantwortungsbereich dafür, dass sich diese Ziele nicht widersprechen. Wenn Mitarbeiter mit vergleichbaren Aufgaben unterschiedliche, vielleicht sogar widersprüchliche Ziele haben, dann haben die Führungskräfte ihre Hausaufgaben nicht gemacht.

Leider kommt es häufiger vor, dass Bereiche oder Abteilungen innerhalb eines Unternehmens bewusst gegeneinander ausgespielt werden, zum Beispiel, wenn die Unternehmensführung glaubt, dass innerbetrieblicher Wettbewerb die Kreativität stärkt, oder einfach ihre Machtposition und ihre Mitarbeiter ausnutzt. Diese interne Konkurrenz wird dann gern über sich widersprechende Ziele gesteuert, von deren Existenz die jeweiligen Bereichs- oder Abteilungsleiter im schlimmsten Fall nichts wissen. Dabei verschwenden Unternehmen wertvolle Ressourcen, Zeit, Geld, die Zufriedenheit ihrer Mitarbeiter, wenn sie den innerbetrieblichen Wettbewerb anstacheln. Sorgen Sie also zumindest für Ihren Verantwortungsbereich für widerspruchsfreie Ziele. Nicht nur, was Ihre Vereinbarungen mit einzelnen Mitarbeitern betrifft, sondern auch hinsichtlich der Vereinbarkeit der Ziele aller Teammitglieder untereinander.

### 5.6.2 Ziele und Maßnahmen formulieren

Aus den Zielen leiten Sie gemeinsam die Maßnahmen ab, die Ihre Mitarbeiter in den unterschiedlichen Dimensionen ergreifen müssen, um die vereinbarten Ziele zu erreichen. Einfach formuliert: Was muss der Mitarbeiter tun, um seine Ziele zu erreichen?

In einer einfachen Übersicht (vgl. Tab. 5.5) können Sie die Ziele und Maßnahmen darstellen.

Es handelt sich bei den Maßnahmen in der rechten Spalte um Beispiele und Überschriften. Die Aufgaben und Tätigkeiten müssten selbstverständlich noch detailliert ausformuliert und ergänzt werden. Wichtig ist, dass Sie verstehen, wie Zieldimensionen, Ziele und Maßnahmen zusammenhängen.

Damit Ihre Mitarbeiter ihre Ziele erreichen können, sorgen Sie dafür, dass sie fähig sind, diese Ziele zu erreichen und die dafür notwendigen Maßnahmen durchzuführen (Kap. 3). Stellen Sie sicher, dass sie die entsprechenden Ressourcen zur Verfügung gestellt bekommen.

Erst, wenn Sie Ihre Ziele und Maßnahmen formuliert und umgesetzt haben, können Sie Ihren Erfolg bewerten und gegebenenfalls Korrekturen vornehmen.

Die Struktur einer Zielvereinbarung und somit des Zielvereinbarungsgesprächs orientiert sich an den Hierarchieebenen (Unternehmen oder Abteilung) und Zieldimensionen (Finanzkennzahlen, Marktanteile, Neukundenquoten etc.).

Beziehen Sie übergeordnete Unternehmens- und Abteilungsziele in die Zielvereinbarung für Ihren Mitarbeiter ein, stellen Sie sicher, dass Ihre Mitarbeiter nicht nur an ihre eigenen Ziele denken. Beteiligen Sie sie am Erfolg der Abteilung und des Unternehmens insgesamt.

Denken Sie dabei an die Gewichtung der Ziele: Diese übergeordneten Ziele sollten zu 10–15 % in die Zielvereinbarung einfließen. Erreicht das Unternehmen

**Tab. 5.5** Ziele und Maßnahmen

| Zieldimension | Ziel bis zum Jahresende | Maßnahmen |
|---|---|---|
| Finanzen | Deckungsbeitrag für Produkt X auf 25 % erhöhen | 1. Rabattspielraum der Verkäufer um X % eingrenzen<br>2. Preis für das Produkt um Y % erhöhen<br>3. Kosten bei Lieferanten für Produkt um Z % senken |
| Kunden und Markt | 20 % mehr Neukunden pro Jahr | 1. Kundenstrukturanalyse<br>2. Neue Kundenpotenziale und Zielgruppen definieren<br>3. Zielgruppenanalyse<br>4. Zielgruppenkommunikation mit geeigneten Ansätzen wie Mailings und Newslettern etablieren<br>5. Darauf abgestimmte Vertriebsaktivitäten ergreifen<br>6. Gegebenenfalls Vertriebsschulungen für Neukundenvertrieb durchführen |
| Produkte | Drei neue Produktideen pro Jahr | 1. Erfolgreiche eigene Produkte verändern<br>2. Wettbewerbsprodukte kopieren<br>3. Zukunftstrends analysieren und Produktideen daraus entwickeln |
| Interne Prozesse und Strukturen | Projektzeitpläne zu 100 % einhalten | 1. Ist-Analyse des heutigen Projektmanagements erstellen<br>2. Gründe für das Nicht-Einhalten von Projektzeitplänen sammeln<br>3. Ideen für Optionen zur Verbesserung sammeln<br>4. Optionen nach Aufwand und Nutzen bewerten<br>5. Optionen umsetzen: Prozesse verbessern, Zeitpuffer einplanen, mehr Geld oder Personal einsetzen |
| Mitarbeiter | Zufriedenheit der Mitarbeiter liegt bei mindestens 80 % | 1. Mitarbeiterbefragung durchführen: Wie zufrieden sind die Mitarbeiter heute mit ihrem Arbeitgeber?<br>2. Gründe für Unzufriedenheit herausarbeiten<br>3. Maßnahmen für größere Zufriedenheit ergreifen: Führungskräfte schulen, Mitarbeitergespräche einführen, interne Kommunikation verbessern, Verantwortlichkeiten innerhalb der Organisation eindeutiger definieren |

oder die Abteilung in einem Jahr die Ziele nicht, bleibt der Ausfall dieses Anteils in der variablen Vergütung Ihrer Mitarbeiter überschaubar. Das ist deshalb sinnvoll, weil die Unternehmens- und Abteilungsziele diejenigen sind, bei denen Ihre Mitarbeiter nicht mitbestimmen können.

Umso wichtiger ist es für Ihre Mitarbeiter, dass sie bei der Formulierung ihrer Individualziele mitbestimmen können. Achten Sie dabei besonders darauf, ob Ihre Mitarbeiter in der Lage sind, diese Individualziele tatsächlich zu erreichen: Schaffen Sie die Rahmenbedingungen dafür, dass Ihre Mitarbeiter erfolgreich arbeiten können? Erhalten sie die notwendigen Ressourcen, um ihre Aufgabe erledigen zu können? Oder wird ihre Arbeit durch so viele externe Rahmenbedingungen beeinflusst, zum Beispiel politische Entscheidungen, Zinsverläufe, Subventionen oder strategische Entscheidungen der Unternehmensleitung, dass sie ihre Aufgaben nicht ausreichend selbstständig steuern können? Wird die Entwicklung all dieser Rahmenbedingungen und Faktoren, die außerhalb Ihres Einflussbereiches liegen, über das Jahr hin beobachtet? Was passiert bei unterjährigen Ereignissen, die sich gravierend auf Ihre Arbeit auswirken?

Beispiel: Sie vereinbaren mit einem Ihrer Mitarbeiter im Verkauf in der Zielvereinbarung, dass er mit Produkt X 100.000 EUR Umsatz bis zum Jahresende erwirtschaften soll. Wenn das Produkt zur Mitte des Jahres abgeschafft und durch einen Nachfolger ersetzt wird, müssen Sie die Zielvereinbarung entsprechend anpassen.

### 5.6.3 Zielvereinbarungsgespräche durchführen

Stellen Sie unbedingt sicher, dass Sie und Ihr Gesprächspartner am Ende des Gespräches das gleiche Verständnis von den vereinbarten Zielen und über den Weg dorthin haben. Hier kommt es vor allen Dingen auf eines an: explizite Kommunikation! (Abschn. 2.3.4).

Das Gespräch starten Sie mit der Einleitung, in der Sie die grundlegende Funktion von Zielen und den Sinn hinter der Zielvereinbarung erläutern und kurz darstellen, wie das Gespräch abläuft. Versuchen Sie, die Akzeptanz Ihres Mitarbeiters für das Gespräch und die Zielvereinbarung zu erhöhen, indem Sie das Positive an diesem Prozess und seinen Nutzen daraus herausstellen, zum Beispiel, dass das Zielvereinbarungsgespräch seine Aufgaben in den nächsten Monaten thematisiert und Klarheit darüber schafft.

Nun kommen Sie zu den Zielen, um die es in Ihrem Zielvereinbarungsgespräch geht. Beschreiben Sie die Ziele und Zielkorridore. Benennen Sie die Ziele, die Sie bereits festgelegt haben, und begründen Sie Ihre Entscheidung.

Dies könnten zum Beispiel der gesamte Umsatz über alle Bereiche hinweg sein oder die Anzahl der Projekte in der Produktentwicklung.

Dann kommen Sie zu den Zielen, die Sie mit Ihrem Mitarbeiter besprechen. Dabei lassen sich zwei Varianten unterscheiden: Zum einen gibt es Ziele, bei denen Ihr Mitarbeiter innerhalb eines Zielkorridors mitbestimmen kann. In der Zieldimension „Kunde und Markt" kann dies beispielsweise die Anzahl der Kundentermine pro Monat sein. Zum anderen kann Ihr Mitarbeiter zu manchen Themen und Maßnahmen eigene Vorschläge für Ziele einbringen. Diese sollten natürlich mit den übergeordneten Zielen (des Unternehmens, der Abteilung, des Teams) vereinbar und aus Ihrer Sicht sinnvoll sein.

Achten Sie bei allen im Gespräch diskutierten Zielen darauf, dass sie SMART formuliert sind. Stellen Sie sicher, dass Ihr Mitarbeiter die Zieldimensionen und -kriterien verstanden hat. Im Zweifel lassen Sie Ihren Mitarbeiter die gesamte Zielvereinbarung zusammenfassen, um Missverständnisse aufzudecken und zu korrigieren.

Am Ende des Gespräches holen Sie das mündliche („Ja, ich bin einverstanden") und das schriftliche Einverständnis (Unterschrift) des Mitarbeiters ein. Tab. 5.6 zeigt die Elemente und den beispielhaften Ablauf eines Zielvereinbarungsgespräches.

## 5.7 Zielerreichung kontrollieren und bewerten

Wenn Sie die Ziele abgeleitet, definiert, formuliert und das Zielvereinbarungsgespräch erfolgreich geführt haben, bleibt eine letzte Hürde: die objektive Bewertung der Ergebnisse. Wenn Sie Ihre Ziele SMART definiert haben, dürfte dies ein Leichtes für Sie sein.

Leider gibt es kaum Unternehmen, in denen die Abteilungs-, Bereichs- oder Geschäftsleitung zu 100 % objektiv und allein auf der Basis von Fakten beurteilen, ob die gesetzten und vereinbarten Ziele tatsächlich erreicht wurden.

Angenommen, ein Abteilungsleiter hat in einem Jahr zwar die Umsatzziele, nicht aber die Deckungsbeitragsziele erreicht. Mit seinem Team hat er viele Projekte erfolgreich umgesetzt, neue Produkte entwickelt und bisher unerreichte Umsätze generiert. Allerdings hat er ein neues Vergütungsmodell nicht im Sinne des Geschäftsführers umgesetzt.

Somit hat er zwei wesentliche Ziele verfehlt: die vereinbarten Deckungsbeiträge und die Einführung des Vergütungsmodells. In der Vorbereitung auf sein Zielerreichungsgespräch schreibt er 50 % (so waren diese Ziele gewichtet) seiner variablen Vergütung bereits gedanklich ab. Er findet sich damit ab, denn er

**Tab. 5.6** Schematischer Ablauf eines Zielvereinbarungsgespräches

| Phase | Inhalt | Verantwortlich |
|---|---|---|
| Einleitung | • Um was geht es? (Kontext, Inhalt, Dauer)<br>• Warum gibt es die Zielvereinbarung?<br>• Wie läuft das Gespräch ab?<br>• Was ist der Nutzen für den Mitarbeiter und Sie selbst? | Führungskraft |
| Zieldimensionen | • Erläuterung der übergeordneten Zieldimensionen<br>– Finanzen<br>– Kunden und Markt<br>– Produkte<br>– Interne Prozesse und Strukturen<br>– Mitarbeiter | Führungskraft |
| Zielhierarchien | • Erläuterung der Zielhierarchien (Nichtzutreffende streichen)<br>– Unternehmen<br>– Bereich<br>– Abteilung<br>– Team<br>– Individuell | Führungskraft |
| Vorstellung bereits feststehender Ziele | • Welche Ziele stehen bereits fest? Beispiele:<br>• Umsatzziel für das Unternehmen<br>• Personalkostenquote in der Abteilung | Führungskraft |
| Vorstellung der zu vereinbarenden Ziele und Korridore | • Welche weiteren Ziele stehen im Gespräch zur Diskussion?<br>• Welche Vorstellungen haben Sie von den Zielkorridoren im Einzelnen? (Sie geben Ihre Vorstellungen vor!) | Führungskraft |
| Diskussion der Ziele und Zielkorridore | • Welche Ziele sollen innerhalb des vorgegebenen Korridors und Zeitraums erreicht werden?<br>• Achten Sie auf die Einhaltung der SMART-Kriterien! | Führungskraft und Mitarbeiter |
| Diskussion und Definition weiterer Ziele | • Gibt es Themen, für die Ihr Mitarbeiter eigene Vorschläge für Ziele machen kann?<br>• Wie bewerten Sie die Vorschläge?<br>• Sind sie aus Ihrer Sicht sinnvoll?<br>• Dienen die Ziele den übergeordneten Zielen bzw. sind sie mit diesen vereinbar?<br>• Schlagen Sie quantitative (Zahlen) und qualitative (Arbeitsweise, Haltung, Methoden etc.) Änderungen vor?<br>• Achten Sie auf die Einhaltung der SMART-Kriterien! | Führungskraft und Mitarbeiter |

(Fortsetzung)

**Tab. 5.6** (Fortsetzung)

| Phase | Inhalt | Verantwortlich |
|---|---|---|
| Zielvereinbarung zusammenfassen (lassen) und Akzeptanz einholen | • Fassen Sie das Gespräch zusammen<br>• Fragen Sie, ob es Verständnis- oder Akzeptanzprobleme gibt<br>• Erklären Sie bei Bedarf noch einmal die einzelnen Ziele und Zielkriterien<br>• Holen Sie sich das mündliche und dann das schriftliche Einverständnis (Unterschrift) Ihres Mitarbeiters für die Zielvereinbarung ein | Führungskraft und Mitarbeiter |

kommt zu dem Schluss, dass er sich selbst und seine Aufgaben besser hätte strukturieren, priorisieren und die Erwartungen seines Chefs besser verstehen hätte müssen.

Im Zielerreichungsgespräch überrascht ihn dann der Geschäftsführer, weil er trotz seiner Versäumnisse die vollen 100 % seines Bonus erhält. Warum? Sicher auch, weil sein Chef ihn sympathisch findet. Viel wichtiger aber ist: Sein Chef ist der Geschäftsführer und damit budgetverantwortlich. Er kann diese Entscheidung treffen, ohne jemanden zu fragen. So freut sich der Abteilungsleiter persönlich über ein paar Euro zusätzlich auf der Gehaltsabrechnung.

Dann aber stellt er sich die Frage, wie sein Chef mit anderen Mitarbeitern und den Kollegen in der Geschäftsleitung umgeht. Wie bewertet er ihre Zielerreichung? Ganz nach seinem Gusto? Nach Gutdünken? Tagesform? Persönlicher Beziehung?

Wenn dem so ist, davon muss der Abteilungsleiter ja nun ausgehen, sind alle Ziele, die der Geschäftsführer und die Kollegen in der Geschäftsleitung inklusive ihm selbst für das Unternehmen festgelegt hatten, Makulatur. Diese Einsicht führt dazu, dass der Abteilungsleiter hinter der Autorität seines Chefs ein großes Fragezeichen setzt. Seine Beziehung zu ihm nimmt deshalb ernsthaften Schaden.

Zudem ist er selbst Führungskraft in diesem Unternehmen, und sein Chef hat eine Vorbildfunktion für ihn inne, zumindest unbewusst. Wenn sein Chef nun objektive Kennzahlen und Ziele mit einem Federstrich als wertlos kennzeichnen kann, darf der Abteilungsleiter das auch? Immerhin ist er Mitglied der Geschäftsleitung und des Managementteams und führt insgesamt 17 Mitarbeiter. Natürlich hat er in seinem Team Mitarbeiter, die ihm sympathischer sind als andere. Mitarbeiter, die in seinen Augen deutlich mehr leisten als andere, aber trotzdem ihre Umsatzziele teilweise nicht erreicht haben.

Ein weiteres Dilemma beschäftigt den Abteilungsleiter: Sollte er seinen eigenen, objektiv unverdienten Bonus annehmen und seine Mitarbeiter zu 100 % objektiv auf der Basis der SMARTEN Zielkriterien (und damit im Sinne des Unternehmens) bewerten? Dann aber würde er einen Vorteil nutzen, der ihm nicht zusteht, und seinen Mitarbeitern diesen Vorteil verwehren. Dann wäre er unehrlich gegenüber seinen Mitarbeitern.

**Was folgt aus dieser Geschichte?**
Zunächst einmal: Der Fisch fängt immer vom Kopf aus an zu stinken. Der ursprüngliche Fehler, der das Dilemma auslöst, liegt beim Geschäftsführer. Er hinterlässt bei seinem Abteilungsleiter mehrere Fragezeichen, wie Führung und Management in diesem Unternehmen funktionieren. Der Abteilungsleiter trägt seinen Teil zum Dilemma bei, indem er den ungerechtfertigten Bonus annimmt.

Hätte der Chef die Zielerreichung objektiv nach den vereinbarten Kriterien bewertet, hätte sich der Abteilungsleiter nicht über einen verminderten Bonus beschweren können, zumal er ja selbst schon mit 50 % Abschlag gerechnet hatte. Es wäre ihm sogar deutlich leichter gefallen, dieselbe Konsequenz in den Zielerreichungsgesprächen mit seinen Mitarbeitern zu zeigen.

Obwohl der Geschäftsführer ihm (monetär und auf der Beziehungsebene) etwas Gutes tun wollte, stellt er für den Abteilungsleiter keine sichere Basis als Führungskraft mehr dar. Der Abteilungsleiter fragt sich, an welchen Prinzipien er sich für die Gespräche mit seinen Mitarbeitern orientieren soll. Vielleicht findet er diesen Weg für sich: Er adaptiert das Verhalten des Geschäftsführers und führt die Zielerreichungsgespräche mit seinen Mitarbeitern ebenso willkürlich, wie sein eigener Vorgesetzter es demonstriert hat.

Effekt: Alle zukünftigen Zielvereinbarungs- und Zielerreichungsgespräche verkommen zu reinen Showveranstaltungen. Das Konzept „Führen mit Zielen" wird ad absurdum geführt und durch „Führen mit willkürlichen Zielen" ersetzt. Für die Mitarbeiter, die dieses neue Prinzip durchschaut haben, steht fest: Weder ihre eigenen Ziele noch die Ziele der Abteilung oder des Unternehmens dienen als Orientierung für ihr Verhalten oder Handeln. Oder einfach formuliert: Ob ich mich anstrenge, ist letztlich nicht entscheidend, denn es wird ja möglicherweise sowieso nicht honoriert.

„Führen mit willkürlichen Zielen" hat damit dramatische Auswirkungen auf unseren Ansatz, mit Vertrauen zu führen. Sie können vertrauensvolle Beziehungen zu Ihren Mitarbeitern aufgebaut haben, Sie können dafür sorgen, dass sie ihre Kompetenzen und Fähigkeiten weiterentwickeln, Sie können ihnen Verantwortung übertragen, Sie können selbst Haltung und Leistungsbereitschaft zeigen und als Vorbild wirken. Wenn Ihre Mitarbeiter wissen, dass ihre Zielvereinbarungen nicht das Papier wert sind, auf dem sie stehen, ist das alles nichts wert. Sie glauben Ihnen nicht mehr, und dem Unternehmen, für dass sie arbeiten, ebenso wenig.

Sie werden immer wieder in Situationen geraten, in denen Ihr Gewissen gegenüber Ihrem Arbeitgeber und gegenüber Ihren Mitarbeitern auf dem Prüfstand steht. Auch Sie werden vielleicht einmal das Dilemma erleben, sich wie der Abteilungsleiter einerseits über eine überraschende Vergütung und Anerkennung Ihrer harten Arbeit in finanzieller Form zu freuen, anderseits aber nachvollziehbare Bedenken haben, weil der Bonus objektiven Kriterien zufolge nicht gerechtfertigt ist.

Wenn Sie also Ihren Bonus annehmen, bedenken Sie, welche weitreichenden Konsequenzen Ihr eigenes Verhalten und das Ihrer Vorgesetzten möglicherweise haben. Sie finanzieren damit vielleicht Ihren nächsten Urlaub oder Ihr neues Auto. Aber Sie riskieren auch, Ihre Glaubwürdigkeit und das Vertrauen Ihrer Mitarbeiter zu verlieren. Wie entscheiden Sie sich?

## 5.8 Fazit: Wie Sie Ziele klar definieren und erfolgreich realisieren

SMARTE Ziele zu definieren, ist nicht nur eine Kernaufgabe Ihrer Arbeit als Manager, sondern auch Ihre Verantwortung als Führungskraft gegenüber Ihren Mitarbeitern.

Ziele, die für Ihre Mitarbeiter attraktiv und realistisch sind, leiten Sie, abhängig von Ihrer Hierarchiestufe, von den jeweils übergeordneten Zielen auf Unternehmens-, Bereichs- und Abteilungsebene ab. Mithilfe einer angepassten Balanced Scorecard definieren Sie verschiedene Bereiche bzw. Dimensionen. Hieraus leiten Sie Ansatzpunkte für Ihre Ziele ab. Ein wichtiges Instrument des Führens mit Zielen sind dabei Zielvereinbarungsgespräche, bei denen Sie mit Ihren Mitarbeitern Ziele vereinbaren, die diese innerhalb eines bestimmten Zeitraums erreichen sollen und wollen. Voraussetzung: Sie schaffen die Rahmenbedingungen, damit Ihre Mitarbeiter überhaupt in der Lage sind, diese gemeinsam verabredeten Vorgaben einzuhalten.

Teil einer für beide Seiten, für Ihre Mitarbeiter und Sie als Führungskraft, aussagekräftigen Zielvereinbarung sind die Kriterien, anhand derer Sie beide den Erfolg der Leistungen Ihrer Mitarbeiter festmachen können. Das heißt: Wenn die vereinbarten Ziele SMART formuliert sind, dann fällt die Bewertung, ob Ihre Mitarbeiter diese Ziele tatsächlich erreicht haben, leicht.

**Zusammenfassung Ziele definieren und erreichen**
Nach diesem Modul sollten Sie sich folgenden Themenbereichen bewusst sein und daran arbeiten können:
**Ihre Ziele sollten sein:**

- Sie als Führungskraft sind fähig, die Ziele für Ihren Verantwortungsbereich zu definieren und geeignete Maßnahmen zu formulieren.
- Sie berücksichtigen dabei, dass Ziele für unterschiedliche Menschen unterschiedlich attraktiv sind.

**Um diese Inhalte sollte es in Ihrer Führungsfunktion gehen:**

- Ziele ableiten und definieren
- Zieldimensionen festlegen
- Attraktive Ziele festlegen bzw. vereinbaren
- Unrealistische Ziele und ihre Wirkung vermeiden
- Management-by-Methoden
- Führen mit Zielen/Management by Objectives
- Ziele und Maßnahmen formulieren und dokumentieren
- Zielvereinbarungsgespräche führen
- Kontrollieren und bewerten, ob die vereinbarten Ziele erreicht wurden

**Diese Werkzeuge und Techniken sollten Sie beherrschen:**

- Balanced Scorecard
- SMART

**Der Nutzen, den Sie daraus ziehen, sollte Sie sagen lassen:**
Ihre Mitarbeiter (und damit Sie als Führungskraft und Ihr Unternehmen) erreichen ihre Ziele und erzielen Erfolge, die vielleicht vorher nicht vorstellbar waren.

## Literatur

Kaplan, R.S., und D.P. Norton. 1997. *Balanced Scorecard: Strategien erfolgreich umsetzen.* Stuttgart: Schaeffer-Pöschel.

Kaplan, Robert S., und David P. Norton. 2005. The Balanced Scorecard: Measures That Drive Performance. *Harvard Business Review* 83 (7): 172. https://hbr.org/2005/07/the-balanced-scorecard-measures-that-drive-performance. Zugegriffen: 2. Apr. 2017

Schiller, Friedrich. 27. April 1801. Briefe. An Christian Gottfried Körner. http://www.friedrich-schiller-archiv.de/briefe-schillers/briefwechsel-mit-gottfried-koerner/schiller-an-gottfried-koerner-27-april-1801/. Zugegriffen: 20. Juli 2017

# 6 Zusammenfassung – Trust-based Leadership

**Wann sind Sie als Führungskraft erfolgreich?**

Wenn Ihr Team erfolgreich ist! Diese Einsicht ist für mich persönlich die erste und wichtigste, wenn es um erfolgreiche Führung geht. In einem Verkaufsteam müssen Sie nicht der beste Verkäufer sein, in einem Forschungsteam nicht der brillanteste Forscher, als Marketingleiter nicht das kreative Genie. Aber Sie können Ihre Mitarbeiter zu besseren Verkäufern, Forschern und Werbeexperten entwickeln, sodass diese ihre Ziele nicht nur erreichen, sondern sogar übertreffen.

Die Erkenntnis, dass Sie mit einem starken Team mehr erreichen, als Sie jemals als Einzelkämpfer erreichen würden, ist die Basis für Trust-based Leadership – Führen durch Vertrauen.

**Vertrauen ist die Grundlage für Ihren Erfolg**

Gelingt es Ihnen, als Führungskraft eine vertrauensvolle Beziehung zu Ihren Mitarbeitern aufzubauen, haben Sie das Fundament für Ihren Erfolg gelegt. Das schaffen Sie, wenn Sie Vorbild sind und Chancen ergreifen. Wenn Sie Ihre Mitarbeiter handlungsfähig machen, ihnen Verantwortung übertragen. Lassen Sie Ihre Mitarbeiter wissen, dass sie unter Ihrer Führung Risiken eingehen und Chancen ergreifen können, dass sie sich dabei auch Fehler erlauben und daran wachsen können. So führen Sie Ihre Mitarbeiter zu ungeahnten Erfolgen und erleben mit ihnen zusammen magische Momente.

**Entwickeln Sie Ihre Mitarbeiter**

Beurteilen Sie die Fähigkeiten Ihrer Mitarbeiter. Identifizieren Sie ihre Stärken und Potenziale. Entwickeln Sie ihre Kompetenzen weiter, damit Ihre Mitarbeiter ihre Arbeit motiviert und mit überdurchschnittlichen Leistungen erledigen. Delegieren Sie professionell und übertragen Sie ihnen Verantwortung. Ihre Mitarbeiter werden es Ihnen danken.



M. Schmiedel, *Trust-based Leadership – Führen durch Vertrauen*,
DOI 10.1007/978-3-658-14875-1_6

**Zeigen Sie Haltung**

Ihr Verhalten wirkt sich auf das Ihrer Mitarbeiter aus. Achten Sie darauf, dass Sie als Führungskraft eine positive Einstellung zu Ihrer Aufgabe, zu Ihrem Unternehmen und seinen Produkten und natürlich zu Ihren Mitarbeitern haben. Überzeugen Sie Ihre Mitarbeiter und andere Anspruchsgruppen, dass Sie an Ihren Erfolg glauben. Übernehmen Sie die Verantwortung für Ihr Team und halten Sie Ihren Mitarbeitern den Rücken frei.

**Entwickeln Sie attraktive Ziele**

Berücksichtigen Sie die Bedürfnisse, Interessen und Motive Ihrer Mitarbeiter, damit diese sich mit ihren Aufgaben und Zielen identifizieren. Formulieren Sie Ihre eigenen Ziele konkret, verständlich und realistisch, genauso wie die Ziele, die Sie mit Ihren Mitarbeitern vereinbaren.

# 7 Anhang

**Übung zum Erfolgstreiber-Kompetenzprofil für Sie als Führungskraft**
Führen Sie eine Bewertung der einzelnen Kategorien im Erfolgstreiber-Kompetenzprofil für sich selbst durch. Achten Sie darauf, welche Kriterien Sie für sich in den Dimensionen Fach- und Methodenkompetenz als relevant erachten und ändern Sie diese entsprechend ab. Damit schärfen Sie Ihr Selbstbild.

Bitten Sie eine Person Ihres Vertrauens, vielleicht sogar Ihren Vorgesetzten, die einzelnen Kriterien für Ihre Person zu bewerten. Damit entwickeln Sie das Fremdbild, also das Bild, das andere von Ihnen haben.

Bitten Sie jemanden – am besten auch Ihren Vorgesetzten – die Anforderungen für Ihren Job zu definieren.

Bewerten Sie die einzelnen Abbildungen für das Fachwissen (vgl. Abb. 7.1), die Methodenkompetenz (vgl. Abb. 7.2), die Haltung (vgl. Abb. 7.3) und die Persönlichkeit (vgl. Abb. 7.4) für sich selbst.



M. Schmiedel, *Trust-based Leadership – Führen durch Vertrauen,*
DOI 10.1007/978-3-658-14875-1_7

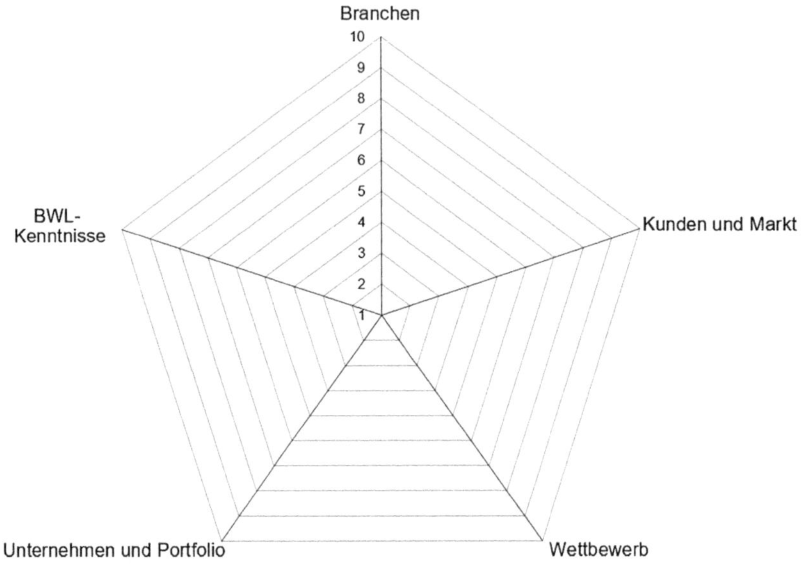


**Abb. 7.1** Vorlage Erfolgstreiber-Kompetenzprofil: Bewertung der Fachkompetenz

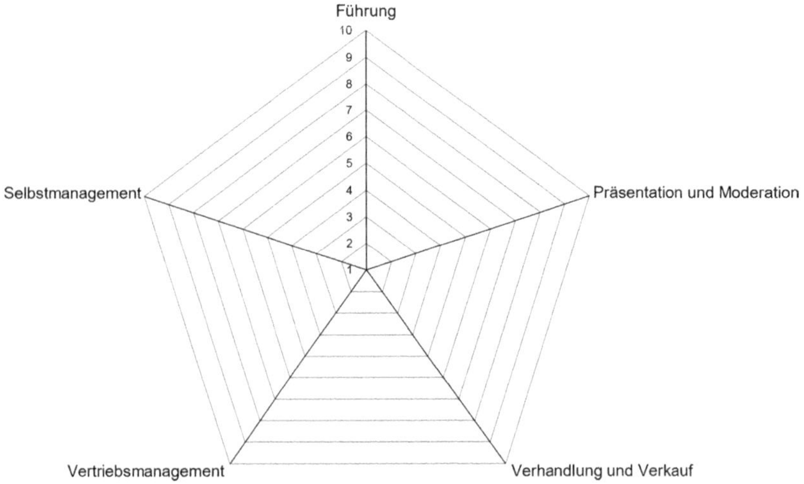


**Abb. 7.2** Vorlage Erfolgstreiber-Kompetenzprofil: Bewertung der Methodenkompetenz

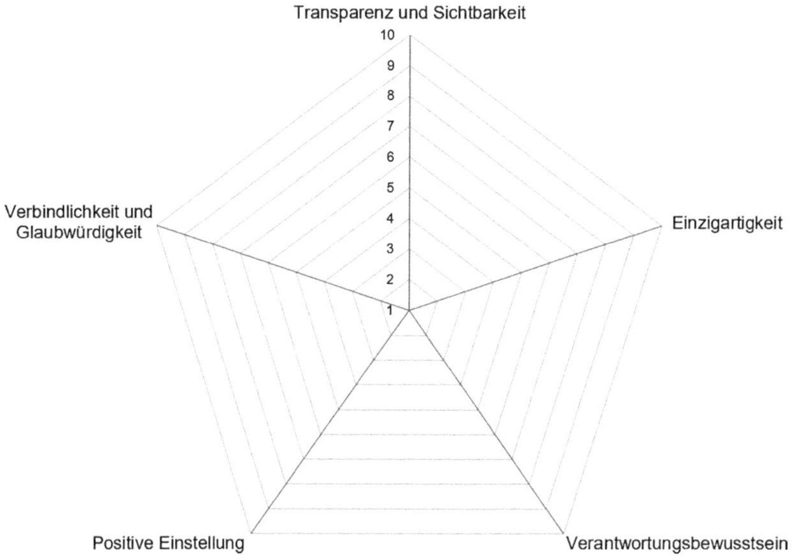


**Abb. 7.3** Vorlage Erfolgstreiber-Kompetenzprofil: Bewertung der Haltung

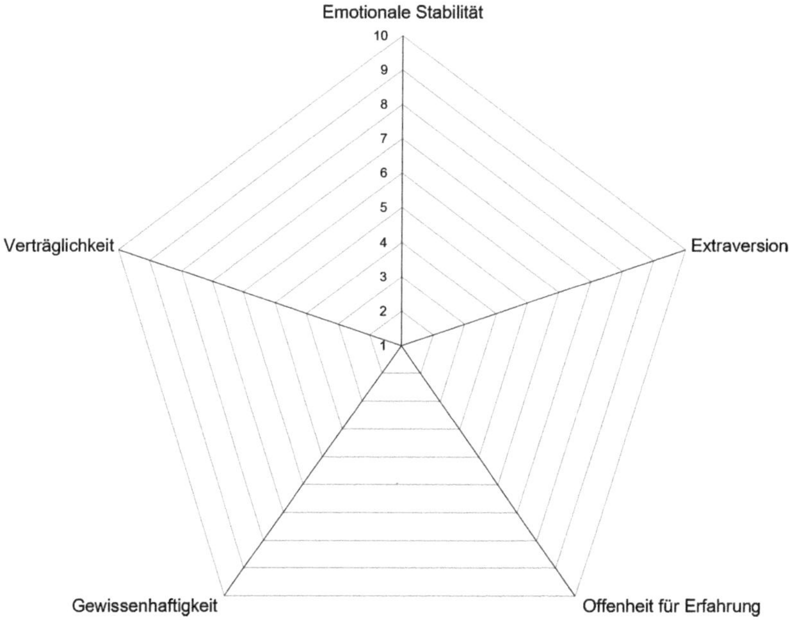


**Abb. 7.4** Vorlage Erfolgstreiber-Kompetenzprofil: Bewertung der Persönlichkeit

**Übersicht über unterschiedliche Frageformen**

In Tab. 7.1 finden Sie eine ausführliche und hilfreiche Übersicht über verschiedene Frageformen.

**Übersicht über verbale Formen des Aktiven Zuhörens**

In Tab. 7.2 finden Sie eine ausführliche Übersicht über verbale Formen des Aktiven Zuhörens.

**Übung zum aktiven Zuhören**

Anhand der Beispiele in Tab. 7.3 können Sie üben, welche verschiedenen Formen und Aussagemöglichkeiten das aktive Zuhören bietet.

Welche Faktoren beeinflussen Ihre eigenen **vertrauensvollen Beziehungen?** Beantworten Sie dazu die Fragen aus Tab. 7.4 und tragen Ihre Antworten direkt dort ein.

**Tab. 7.1** Unterschiedliche Frageformen

| Frageform | Charakter | Beispiele | Vorteile | Nachteile |
|---|---|---|---|---|
| Offene Fragen | • Erweitern das Antwortspektrum<br>• W-Fragen: Wer? Was? Wie? Wo? Warum? etc | • Was, glauben Sie, verzögert Ihr Projekt?<br>• Wer sind Ihre wichtigsten Kunden?<br>• Wie wollen Sie in diesem Jahr Ihre Umsatzziele erreichen? | • Öffnen den Dialog<br>• ermöglichen, Ursachen, Hintergründe und Meinungen in Erfahrung zu bringen<br>• animieren schweigsame Menschen, sich zu äußern | • Vielredner fühlen sich veranlasst, noch mehr zu reden<br>• Warum-Fragen können Mitarbeiter unter Druck setzen |
| Geschlossene Fragen | • Lassen nur Ja- und oder Nein-Antworten zu | • Haben Sie das Angebot abgeschickt?<br>• Wollen Sie den Kunden gewinnen?<br>• Denken Sie häufig daran, den Lieferanten zu wechseln? | • Vielredner werden ausgebremst<br>• Entscheidungen können schnell herbeigeführt werden | • Der Gesprächsfluss wird blockiert<br>• Hintergründe können nicht erfragt werden<br>• Mitarbeiter fühlen sich unter Druck gesetzt |
| Zirkuläre Fragen | • Einbeziehen nicht anwesender Personen | • Was, glauben Sie, halten unsere Kunden von Ihrer Entscheidung?<br>• Wie würden Ihre Kollegen reagieren? | • Deckt Entscheidungswege und Hierarchieebenen auf<br>• ermöglichen zusätzliche Erkenntnisse | • Nicht immer anwendbar |
| Alternativfragen | • Antwort nur zwischen vorgegebenen Alternativen möglich | • Welcher Vorteil ist für Sie wichtiger, A oder B?<br>• Wollen Sie Ihr Gehalt lieber fix oder variabel? | • Mitarbeiter muss sich fokussieren, wird auf eine Entscheidung verpflichtet<br>• Wahrscheinlichkeit eines „Nein" wird minimiert | • Können manipulativ wirken<br>• andere mögliche Alternativen werden ausgeblendet<br>• Gespräch läuft in die falsche Richtung, wenn die Führungskraft von falschen Tatsachen ausgeht |

(Fortsetzung)

**Tab. 7.1** (Fortsetzung)

| Frageform | Charakter | Beispiele | Vorteile | Nachteile |
|---|---|---|---|---|
| Suggestivfragen | • Das Gesagte soll bestätigt werden | • Sie wissen ja sicher, welche Vorteile die Übernahme dieses Projektes mit sich bringen?<br>• Bestimmt ist es in Ihrem Interesse, wenn Sie Ihre Ausgaben senken?<br>• Denken Sie nicht auch, dass …? | • Beeinflussen Mitarbeiter im eigenen Interesse der Führungskraft<br>• führen Zustimmung des Mitarbeiters herbei<br>• können festgefahrene Situationen lösen | • Können manipulativ wirken und Widerstand erzeugen<br>• Führungskraft zeigt kein wirkliches Interesse an der Meinung ihres Mitarbeiters<br>• Zustimmung des Mitarbeiters nur vordergründig |
| Gegenfragen | • Ziel: Präzisierung der ursprünglichen Frage präzisiert | • Was genau meinen Sie mit dieser Frage?<br>• Wie darf ich Sie verstehen? | • Ermöglichen es, Zeit zu gewinnen<br>• Führungskraft kann die Präzisierung der Antworten Ihres Mitarbeiters und zusätzliche Informationen von ihm einfordern<br>• ermöglichen es, die Initiative im Gespräch zurückzugewinnen<br>• können provozieren, wenn so eine Gesprächstaktik erforderlich ist | • Kann bei Wiederholung Widerstand des Mitarbeiters und seine Verärgerung auslösen |

(Fortsetzung)

**Tab. 7.1** (Fortsetzung)

| Frageform | Charakter | Beispiele | Vorteile | Nachteile |
|---|---|---|---|---|
| Rhetorische Fragen | • Die Frage ist so formuliert, dass die Führungskraft selbst die Antwort darauf liefert oder sich die Antwort erübrigt | • Wollen wir nicht alle mehr Umsatz erzielen?<br>• Wissen Sie, wie man ein Gespräch leichter führt? Mit Fragen! | • Verschaffen der Führungskraft zusätzliche Aufmerksamkeit<br>• Mitarbeiter beschäftigt sich mit der Frage | • Widerstand des Mitarbeiters möglich, wenn mit der rhetorischen Frage Zustimmung erzwungen werden soll |
| Hypothetische Fragen | • Das gewünschte Ergebnis wird dargestellt<br>• Ziel: Einwand des Mitarbeiters isolieren und entkräften | • Nehmen wir an, wir lösen Ihr Problem X – würden Sie dann weitermachen?<br>• Wenn wir Ihrem Wunsch nach Y entsprechen, würden Sie also zustimmen? | • Ermöglicht es, einen Vorwand des Mitarbeiters zu erkennen, seinen wahren Einwand herauszufinden, und was dem Mitarbeiter wirklich wichtig ist | • Kann aufdringlich wirken, wenn die Haltung der Führungskraft nicht wirklich lösungsorientiert ist |
| Antithetische Fragen | • Ziel: Mitarbeiter soll sich eine eigene Meinung bilden | • Die Einen wünschen sich schwarz, die Anderen weiß – wie ist denn Ihre Meinung? | • Mitarbeiter wird aktiviert<br>• ermöglicht stärkere Fokussierung auf das Gesprächsthema | • Da die Argumente vorgegeben sind, kann sich der Mitarbeiter in die Enge gedrängt fühlen |
| Präzisierende Fragen | • Ziel: Mitarbeiter soll seine Aussage präzisieren | • Sie sagten, Sie wollen das Produkt im 4. Quartal ausliefern – kennen Sie schon das genaue Datum?<br>• An welche Vorteile denken Sie genau? | • Ermöglicht es, eine bestimmte Information zu erhalten<br>• Führungskraft kann Meinung ihres Mitarbeiters abfragen, ohne ihre eigene Ansicht zu äußern | • Zu viele präzisierende Fragen bewirken, dass das Gespräch einen Verhör-Charakter bekommt |

(Fortsetzung)

**Tab. 7.1** (Fortsetzung)

| Frageform | Charakter | Beispiele | Vorteile | Nachteile |
|---|---|---|---|---|
| Motivierende Fragen | • Ziel: positive Bestätigung des Mitarbeiters | • Wie haben Sie es nur geschafft, das System so schnell umzustellen? | • Bestätigen Mitarbeiter in seiner Leistung und motivieren ihn | • Könnten heuchlerisch wirken und dazu führen, dass Mitarbeiter Frage als Floskel nicht ernst nimmt |
| Kontrollfragen (Paraphrasieren) | • Ziel: das Verständnis einer Mitarbeiteraussage überprüfen, indem sie in eigenen Worten wiedergegeben wird | • Habe ich Sie richtig verstanden – Sie bevorzugen Lösung B? | • Reduzieren Missverständnisse und bauen gegenseitiges<br>• Verständnis auf<br>• Verstärken aktives Zuhören<br>• Mitarbeiter fühlt sich verstanden und bestätigt | • Bei zu vielen Kontrollfragen besteht die Gefahr, dass der Mitarbeiter den Eindruck gewinnt, die Führungskraft würde ihn nicht verstehen. |
| Indirekte Fragen | • Die eigentliche Frage wird zusätzlich begründet | • Wenn Sie mir sagen, welche Unterstützung Sie brauchen, kann ich mich für Sie beim Geschäftsführer einsetzen | • Lässt dem Mitarbeiter die Wahl<br>• begründen eine Frage<br>• regen den Mitarbeiter zum Mitdenken an und verdeutlichen ihm seine Verantwortung | • Bei einer ausführlichen Begründung verliert die Frage an Kraft<br>• Die Begründung sollte stimmig sein, sonst wirkt die Frage manipulativ |
| Positiv unterstellende Fragen | • Unterstellen dem Mitarbeiter Kompetenz | • Was würden Sie auf Basis Ihrer Erfahrung vorschlagen? | • Ermöglichen es, herauszufinden, welche Erfahrung der Mitarbeiter hat<br>• aktivieren Ideen des Mitarbeiters<br>• bestätigen den Mitarbeiter positiv<br>• können Inkompetenz des Mitarbeiters aufdecken | • Können vom Mitarbeiter als Druckmittel wahrgenommen werden |

(Fortsetzung)

**Tab. 7.1** (Fortsetzung)

| Frageform | Charakter | Beispiele | Vorteile | Nachteile |
|---|---|---|---|---|
| Taktische Fragen | • Ziel: prüfen zu können, ob die Meinung des Mitarbeiters durchdacht ist | • Ist Ihnen bewusst, dass …?<br>• Sollten wir uns nicht auch einmal die Frage stellen, wie …? | • Präsentieren einen neuen Gedanken<br>• fordern Mitarbeiter dazu auf, Stellung zu beziehen<br>• ermöglichen es, Meinungen des Mitarbeiters zu überprüfen | • Können als manipulierende Suggestivfragen wirken |
| Verständnisfragen | • Ziel: eine Situation oder ein Problem verstehen | • Warum ist das Problem wichtig/dringlich?<br>• Wie würde ein Externer die Situation wahrnehmen? | • Ermöglichen es, eine Situation oder ein Problem wahrzunehmen und zu verstehen | • Können als aufdringlich empfunden werden |
| Diagnosefragen | • Ziel: vertieftes Verständnis für eine Situation oder ein Problem zu erlangen | • Was sind die Problemtreiber?<br>• Wer hat das Problem?<br>• Welche Auswirkungen hat das Problem? | • Ermöglichen es, ein Problem nicht nur wahrzunehmen, sondern es zu durchdringen | • Können als aufdringlich empfunden werden |
| Lösungsfragen | • Ziel: eine Lösung zu erarbeiten | • Wer hat ein ähnliches Problem schon gelöst?<br>• Wann wäre das Problem gelöst?<br>• Welche Kriterien muss eine Lösung erfüllen?<br>• Was wäre ein erster Schritt? | • Regen Mitarbeiter zum Mitdenken an<br>• Ermöglichen es, lösungsorientiert zu arbeiten | • Können nicht stressresistente Mitarbeiter unter Druck setzen |

**Tab. 7.2** Verbale Formen des aktiven Zuhörens

| Form | Handlung | Beispiel | Wirkung |
|---|---|---|---|
| Zustimmung und Verständnis signalisieren | • Zustimmung formulieren und Verständnis signalisieren | • Das ist richtig<br>• Das stimmt<br>• Das kann ich verstehen<br>• Das kann ich nachvollziehen<br>• Ich verstehe Ihr Problem<br>• Ich verstehe Ihre Sicht | • Sie signalisieren Ihrem Mitarbeiter, dass er mit seiner Situation nicht alleine ist<br>• Zustimmung bedeutet aber nicht, dass Sie der gleichen Meinung sind! |
| Gegenfragen stellen | • Aussagen des Gesprächspartners hinterfragen | • A: *Ich bin wirklich enttäuscht von Ihnen!*<br>B: Was genau führt zu dieser Enttäuschung?<br>• A: *Ich finde nicht, dass Ihre Lösung zu mir passt!*<br>B: Ein wichtiger Hinweis. Was genau passt nicht?<br>• A: *Ich melde mich zeitnah bei Ihnen*<br>B: Was bedeutet für Sie zeitnah? | • Sie können das Gespräch aktiv steuern und behalten die Initiative<br>• Sie haben zudem die Möglichkeit, tiefer in das Gesprächsthema einzusteigen und weitere Informationen zu sammeln |
| Paraphrasieren | • Aussagen des Gesprächspartners aufnehmen und in eigenen Worten wiedergeben | • A: *Das Essen gestern war furchtbar!*<br>B: Es hat Ihnen also nicht geschmeckt?!<br>• A: *Die zwei Wochen Urlaub waren echt super!*<br>B: Sie haben sich also gut erholt? | • Sie stellen sicher, Ihren Mitarbeiter verstanden zu haben, und erhöhen so seine Akzeptanz für die Gesprächssituation, weil er sich verstanden fühlt |
| Emotionen verbalisieren | • Emotionen des Gesprächspartners spiegeln, in dem sie in eigenen Worten wiedergegeben werden | • A: *So ein blödes Thema! Das kotzt mich echt an!*<br>B: Sie ärgern sich über die Vorgehensweise zu diesem Thema?<br>• A: *schnauft überfordert am Telefon*<br>B: Jetzt habe ich Sie überfahren?<br>• A: *Mitarbeiter schaut grimmig*<br>B: Sie sehen verärgert aus. Woran liegt das? | • Sie spiegeln die Gefühle Ihres Mitarbeiters und bringen, falls notwendig, das Thema auf die Sachebene |

(Fortsetzung)

**Tab. 7.2** (Fortsetzung)

| Form | Handlung | Beispiel | Wirkung |
|---|---|---|---|
| Zusammenfassen und Akzeptanz einholen | • Das Gehörte in wenigen Worten zusammenfassen<br>• den Gesprächspartner fragen, ob alles besprochen und richtig verstanden wurde<br>• den Gesprächspartner bitten, die Zusammenfassung zu bestätigen | • Bei mir ist jetzt angekommen, dass x und y in Ordnung, z aber verbesserungswürdig ist. Habe ich das richtig verstanden?<br>• Gut. Wir haben jetzt über x, y und z gesprochen. Ist dies alles, was für Sie wichtig ist? | • Sie erhöhen die Wahrscheinlichkeit des gegenseitigen Verständnisses zwischen Ihnen und Ihrem Mitarbeiter |
| Klären und präzisieren | • Unklare Situationen oder Themen klären | • Sie haben gesagt, Sie haben sofort reagiert! War das noch am gleichen Tag?<br>• Ich habe noch eine Frage zu Ihrer Idee. Wo genau kommt der Kunde ins Spiel? | • Sie erhalten wichtige Informationen und fragen Ihren Mitarbeiter nach seiner Meinung, ohne dass Sie Ihre eigene Ansicht äußern |
| Verbinden und weiterführen | • Eine Verbindung zu einem anderen Sachverhalt herstellen | • Welche Rahmenbedingungen könnten Ihre Entscheidung noch beeinflussen?<br>• Welche Bedeutung haben die Umsatzzahlen für Ihre Entscheidung? | • Sie führen einen Perspektivenwechsel herbei und sorgen dafür, dass Ihr Mitarbeiter das Thema auch von einer anderen Seite betrachtet |
| Abwägen | • Den Gesprächspartner fragen, wie er eine Situation einschätzt | • Wäre es zielführender, dem Kunden einen Rabatt zu geben oder ihm eine Ratenzahlung zu ermöglichen?<br>• Wäre es schlimmer, den Kunden zu verlieren oder ihm einen deutlichen Preisnachlass zu gewähren? | • Sie erfahren, wohin Ihr Mitarbeiter hinsichtlich einer Situation bzw. eines Problems tendiert<br>• Sie können Ihren Mitarbeiter hin zu einer Position bewegen |

**Tab. 7.3** Übung zum aktiven Zuhören

| Form | Aussage des Gesprächspartners | Ihre Aussage |
|---|---|---|
| Zustimmung und Verständnis | *Ihre Interessen stimmen nur zum Teil mit meinen überein* | Das ist richtig |
| | *Die Position, die Sie einnehmen, kann ich nicht nachvollziehen* | Das kann ich verstehen |
| | *Die Arbeitszeiten, die Sie fordern, kann ich nicht leisten* | Ich verstehe Ihr Problem |
| Gegenfragen stellen | *Ich bin mir nicht sicher. Ich werde mich beraten* | Wie beraten Sie sich?<br>Zu welchen Themen möchten Sie sich beraten?<br>Hinter welchen Themen sehen Sie noch Fragezeichen? |
| | *Ich verlasse mich ungerne auf eine Lösungsalternative allein* | Welche weiteren Alternativen sehen Sie?<br>Welche Vorteile haben Sie?<br>Welche Nachteile haben Sie? |
| | *Sie sind zu streng im Vergleich zu anderen Chefs* | Mit wem konkret vergleichen Sie mich?<br>Was meinen Sie, wie dieser Unterschied zustande kommt? |
| | *Ich finde, ich habe mehr verdient* | Was konkret meinen Sie mit „mehr"? |
| Paraphrasieren | *Ihr Angebot ist in Ordnung, ich möchte nur über mein Gehalt sprechen* | Wenn ich Sie richtig verstehe, ist sonst alles zu Ihrer Zufriedenheit? |
| | *Sie zahlen zu wenig im Vergleich zu anderen Arbeitgebern* | Bedeutet das, dass das Gehalt für Sie das einzige Entscheidungskriterium ist? |
| | *Mein Steuerberater hat gesagt, ich soll meine Gehaltserhöhung über das Jahr verteilen* | Verstehe ich Sie richtig, dass Sie dieser Empfehlung einer einzelnen Person folgen? |
| | *Ich verlasse mich ungern auf eine mündliche Aussage* | Das heißt, Sie benötigen ein schriftliches Dokument? |
| | *Ich muss noch eine Nacht darüber schlafen* | Das heißt, Sie möchten sich morgen entscheiden? |

(Fortsetzung)

**Tab. 7.3** (Fortsetzung)

| Form | Aussage des Gesprächspartners | Ihre Aussage |
|---|---|---|
| Emotionen verbalisieren | *Ich würde am liebsten alles hinschmeißen!* | Wie ich sehe, sind Sie sehr aufgebracht. Woran liegt das? |
| | Der Gesprächspartner schaut belustigt | Wie ich sehe, ermuntert Sie etwas. Wollen Sie mich daran teilhaben lassen? |
| | Der Gesprächspartner schaut auf sein Smartphone | Wenn ich Ihr aktuelles Verhalten richtig deute, interessieren Sie meine Ausführungen nicht. Stimmt das? |
| | Der Gesprächspartner ist in sich zusammengesunken | Sie machen einen bedrückten Eindruck auf mich |
| Zusammenfassen und Akzeptanz einholen | *Das ist mir wichtig, und dieses…, und außerdem, dass wir…* | Bei mir sind jetzt folgende drei wesentliche Punkte angekommen: 1. das, 2. dieses, 3. dass wir…<br>Ist das korrekt? |
| Klären und präzisieren | *Ich hätte gerne eine kreativere Lösung* | Wenn Sie „kreativ" sagen: Auf welchen Teil des Vorschlages bezieht sich Ihre Aussage? |
| Verbinden und weiterführen | *Diese Situation erscheint mir ausweglos* | Welche Konsequenzen hätte es, wenn wir X dabei berücksichtigen würden? |
| | *Ich finde für dieses Problem keine Lösung* | Wie würde die Lösung aussehen, wenn wir am Schritt 1 zusätzlich B ins Spiel nähmen? |
| Abwägen | *Wenn das so ist, beende ich dieses Gespräch!* | Was wäre für Sie schlimmer: Ohne Ergebnis nach Hause zu fahren, oder in den zwei angesprochenen Punkten nachzugeben? |
| | *Wenn wir es nicht schaffen, diesen Kunden zu halten, müssen wir zum Ausgleich zwei Neukunden gewinnen* | Was ist sinnvoller: Dem Kunden weitere Zugeständnisse machen oder die Zeit und Energie in die Kaltakquise investieren? |

**Tab. 7.4** Übung: Reflexion über die Einflussfaktoren von Vertrauen

| Einflussfaktoren | Frage | Ihre Antwort |
|---|---|---|
| Bedürfnisse, Interessen, Motive | Können Sie Ihre eigenen Bedürfnisse, Interessen und Motive formulieren? | |
| | Kennen Sie die Bedürfnisse, Interessen und Motive Ihrer Mitarbeiter? | |
| | Welche Bedürfnisse, Interessen und Motive Dritter (oder Vierter, Fünfter ...) müssen im Rahmen Ihrer Führungsarbeit berücksichtigt werden? | |
| Eine sichere Basis darstellen | Für wen sind Sie eine sichere Basis? Warum? | |
| | Wer ist für Sie eine sichere Basis? Warum? | |
| Selbstbewusstsein und Selbstvertrauen | Haben Sie ein gesundes Selbstbewusstsein? | |
| | Inwiefern vertrauen Sie Ihren eigenen Fähigkeiten? | |
| Einstellung zu anderen Menschen | Wie leicht können Sie anderen Menschen Vertrauen schenken? | |
| | Glauben Sie an das Gute im Menschen, oder haben Sie Zweifel daran? | |
| Selbstbild | Wie nehmen Sie sich in Ihrer Rolle als Führungskraft wahr? | |
| Fremdbild | Was glauben Sie, denken Andere über Sie als Führungskraft? | |
| Wunschbild | Wie würden Sie gerne als Führungskraft wahrgenommen werden? | |
| Fachwissen | Welche Fachkompetenzen sind bei Ihnen besonders ausgeprägt? | |
| Methodik | Welche Methodenkompetenzen sind bei Ihnen besonders ausgeprägt? | |
| Haltung | Wie ist Ihre Haltung gegenüber der Arbeit und im Umgang mit Anderen? | |
| Persönlichkeit | Über welche ausgeprägten Persönlichkeitsmerkmale verfügen Sie? | |
| Verhalten des Arbeitgebers | Wie beeinflusst Ihr Arbeitgeber die Beziehungen zu Ihren Mitarbeitern? | |

(Fortsetzung)

**Tab. 7.4** (Fortsetzung)

| Einflussfaktoren | Frage | Ihre Antwort |
|---|---|---|
| Kommunikation | Was unternehmen Sie, um den ersten Eindruck positiv zu gestalten? | |
| | Wie äußert sich Ihre Verfassung in Körpersprache und Mimik, Stimme, Tonlage und Sprechgeschwindigkeit? | |
| | Welche besonderen Kommunikationsverhalten nehmen Sie bei sich in welcher Situation wahr? | |
| Äußeres Erscheinungsbild/ Kleidung | Nehmen Sie sich selbst als angemessen gekleidet war? | |
| | Haben Sie schon einmal Feedback zu Ihrem Kleidungsstil erhalten? Wenn ja, welches? | |
| Aussehen/Attraktivität | Wie bewerten Sie Ihr Aussehen? | |

**Beispiel für ein ausgefülltes Erfolgstreiber-Kompetenzprofil eines Verkaufsmitarbeiters im Rahmen der Standortbestimmung**

In Abb. 7.5, 7.6, 7.7 und 7.8 sehen Sie ein beispielhaft ausgefülltes Kompetenzprofil eines Verkaufsmitarbeiters. Wie sieht Ihres aus?

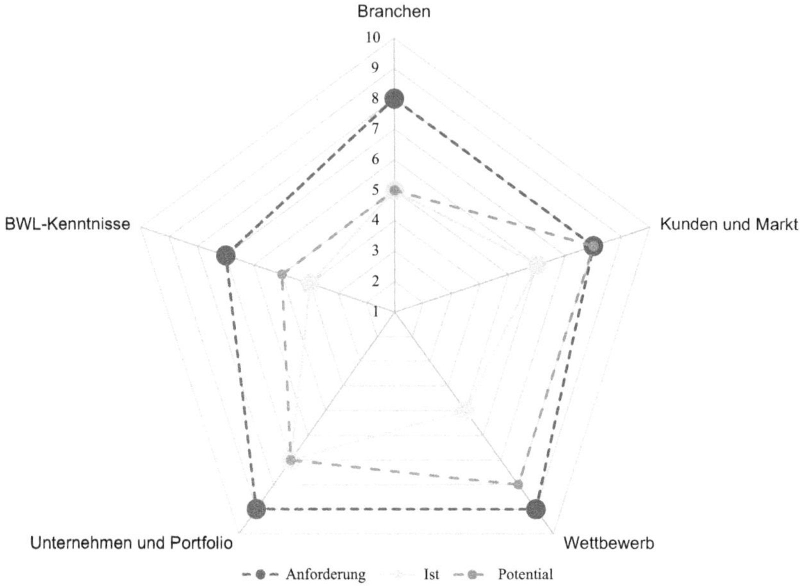


**Abb. 7.5** Fachkompetenz

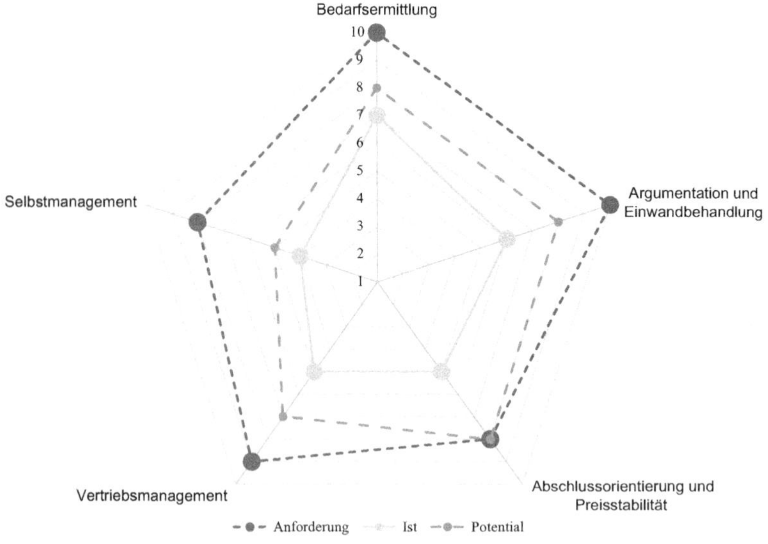


**Abb. 7.6** Methodenkompetenz

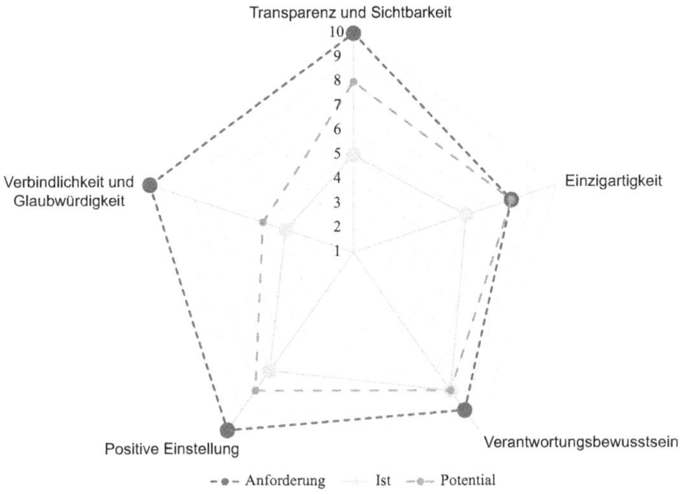


**Abb. 7.7** Haltung

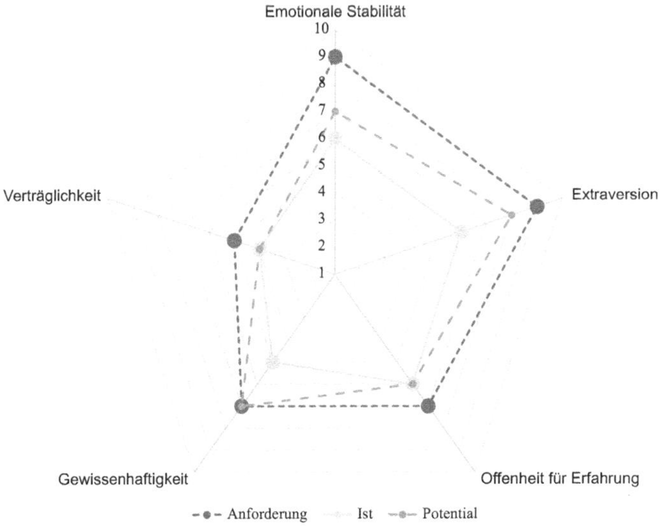


**Abb. 7.8** Persönlichkeit

## Wirksame Rhetorik

In Tab. 7.5 finden Sie eine Übersicht für wirksame Rhetorik-Werkzeuge und deren Anwendung.

**Tab. 7.5** Übersicht wirksame Rhetorik

| Werkzeug | Beispiel | Wirkung |
|---|---|---|
| Aktive statt passive Worte und Sätze nutzen | • *Statt:* Wir werden zu einer Entscheidung zwischen A und B gezwungen.<br>• *besser:* Wir haben die Wahl: Entweder wir entscheiden uns für A oder für B | • Sie vermitteln, dass Sie das Heft des Handelns in der Hand halten |
| Aufzählungen ankündigen und durchführen | • Ich habe zwei Optionen für Sie … Option 1: Sie führen x durch, Option 2: Sie analysieren noch einmal y… | • Mit Aufzählungen erleichtern Sie sich das Zuhören und Verständnis Ihres Mitarbeiters und sichern sich seine Aufmerksamkeit und Akzeptanz |
| Zusammenfassen, Szenarien entwickeln und gewichten | • Ich fasse noch einmal zusammen: Sie können also entweder … oder …<br>• Die erste Option bedeutet für Sie …<br>• Die zweite Option bedeutet für Sie dagegen, dass … | • Sie erreichen, dass Ihr Mitarbeiter Ihnen aufmerksam folgt und sich Ihre Argumente leichter merkt |
| Empfehlungen abgeben | • Dann lassen Sie es uns doch so machen: …<br>• Ich empfehle Ihnen … | • Sie zeigen Mut, Entschlossenheit und Souveränität |
| Aussagen begründen: Sie liefern Ihren Mitarbeitern Gründe, warum sie etwas tun sollen. | • Das ist sinnvoll für Sie, weil sie folgenden Nutzen davon haben: …<br>• Das lohnt sich für Sie, weil sie folgende Ergebnisse erzielen: …<br>• Diese Lösung ist gut, weil Sie damit … | • Hilfreich als Mittel für sinnvolle und überzeugende Erklärungen, denn eine Bitte hat mehr Aussicht auf Erfolg, wenn sie begründet wird, die Wahrscheinlichkeit steigt, dass Sie ihr Gesprächsziel erreichen |
| Aussagen mit starken Worten einleiten | • Wichtig ist, dass Sie Ihre Erfolgschancen erhöhen.<br>• Fakt ist, dass Sie Zeit sparen.<br>• Entscheidend ist, dass Sie Ihre Ziele erreichen | • Sie wirken souverän, zeigen Entschiedenheit und Sicherheit.<br>• Sie wirken souverän, sicher und entschieden und werden deshalb als kompetenter Gesprächspartner wahrgenommen |

(Fortsetzung)

**Tab. 7.5** (Fortsetzung)

| Werkzeug | Beispiel | Wirkung |
|---|---|---|
| Urteile und Feststellungen in kurzen Sätzen formulieren | • Wir wissen, dass …<br>• Das lohnt sich für Sie, weil Sie dadurch mehr verdienen.<br>• Deswegen rufe ich Sie an: ich benötige Ihre Expertise | • Sie steigern das Interesse Ihres Mitarbeiters |
| Mitarbeiter mit Namen ansprechen | • Das heißt für Sie, Herr Meier …<br>• Das, Herr Müller, bedeutet für Sie …<br>• Frau Schmidt, Sie erreichen dadurch … | • Ihr Mitarbeiter fühlt sich persönlich und direkt angesprochen, ernst- und wahrgenommen |
| Ein Argument als rhetorische Frage verkleiden | • Was ist das Entscheidende für Sie? Sie erreichen damit …<br>• Welchen Nutzen haben Sie? Sie haben …<br>• Welche Vorteile haben Sie? Ich sage es Ihnen, Sie bekommen …<br>• Was bedeutet das für Sie? Das wissen Sie selbst am besten, nämlich …<br>• Was Sie davon haben? Das liegt auf der Hand … | • Sie erzeugen Aufmerksamkeit |
| Hypothesen zu möglichen Lösungen entwickeln | • Nehmen wir einmal an, wir erreichen heute eine gemeinsame Lösung. Wo stehen wir dann in fünf Jahren?<br>• Wenn wir uns vorstellen, dass wir heute eine Einigung erzielen: Was wäre dann morgen besser als heute?<br>• Stellen Sie sich einmal unsere Situation in fünf Jahren vor: Wie blicken Sie dann darauf zurück? | • Sie erzeugen Assoziationen und Bilder eines zukünftigen Zustandes |

(Fortsetzung)

**Tab. 7.5** (Fortsetzung)

| Werkzeug | Beispiel | Wirkung |
|---|---|---|
| Bildhafte Sprache verwenden, eindrucksvolle Bilder entwickeln, die Ihre Mitarbeiter versteht und die gleichzeitig glaubwürdig sind | • Wir sind wie ein Gepard: Auf der Kurzstrecke sind wir die schnellsten, aber auf der Langstrecke geht uns derzeit die Luft aus.<br>• Ohne objektive Kriterien hat unsere Vereinbarung keinen Bestand. Ein solides Haus benötigt eine verlässliche Statik, sonst werden wir unter den Trümmern begraben | • Sie erzeugen Aufmerksamkeit und verdeutlichen die Konsequenzen von Handeln oder Nicht-Handeln |
| Positive Worte wählen und Negationen vermeiden | • *Statt:* Ich bin mir nicht sicher. *besser:* Ich prüfe das.<br>• *statt:* Ihre Sichtweise ist nicht richtig. *besser:* Interessante Sichtweise. Wie kommen Sie zu dieser Vermutung?<br>• *statt:* Da kann ich Ihnen nicht helfen. *besser:* Das ist eine wichtige Frage. Wie stehen denn die Kollegen dazu? | • Sie erzeugen Verständnis und stärken so die Beziehungsebene |
| Konjunktive (könnte, möchte, würde etc.) und Weichmacher (eigentlich etc.) vermeiden | • *Statt:* Eigentlich ist das die richtige Lösung. *oder:* Ehrlich gesagt könnte ich mir vorstellen, dass dies die richtige Lösung für Sie sein könnte. *besser:* Das ist die richtige Lösung für Sie | • Sie wirken souverän und unsicher auf Ihren Mitarbeiter |
| Den konkreten individuellen Nutzen des Mitarbeiters benennen | • Ihr Nutzen ist, dass Sie in den Genuss unserer besonderen Förderung kommen.<br>• Für Sie ist nützlich …<br>• Ihr Vorteil ist …<br>• Ihr Nutzen ist … | • Ihr Mitarbeiter hat das Gefühl, dass seine Bedürfnisse wahrgenommen werden |

(Fortsetzung)

**Tab. 7.5** (Fortsetzung)

| Werkzeug | Beispiel | Wirkung |
|---|---|---|
| Das Prinzip der Reziprozität nutzen: Geschenke verteilen und später darauf zurückkommen | • Ich helfe Ihnen gerne …<br>• Natürlich setze ich mich für Sie ein! | • Menschen, die ein „Geschenk" angenommen haben, fühlen sich zur Rückgabe verpflichtet |
| Verbindlichkeit zeigen und einfordern | • Ich halte, was ich verspreche, weil …<br>• … und erwarte das gleiche Verhalten von Ihnen | • Ihr Mitarbeiter fühlt sich verpflichtet, seinen Teil der Vereinbarung einzuhalten |
| Soziale Bewährtheit und Referenzen zeigen | • Wir waren damals in einer vergleichbaren Situation, und haben Folgendes getan: …<br>• Erfolgreiche Unternehmen wie die Meier AG schenken diesem Punkt große Beachtung | • Sie zeigen Ihrem Mitarbeiter, dass er nicht allein ist |
| Sympathie durch Gemeinsamkeiten, Komplimente und Assoziationen wecken | • Sie sind doch auch in Wuppertal aufgewachsen. Kennen Sie …?<br>• Wir fahren doch beide gerne sportliche Autos. Was halten Sie von …? | • Ihre Mitarbeiter haben eine höhere Bereitschaft, sich von Ihnen überzeugen zu lassen, wenn sie Sie sympathisch finden |
| Fachliche Autorität und Expertenstatus demonstrieren | • Unsere Zahlen belegen, dass …<br>• Neulich habe ich vor dem Forum XY einen Vortrag gehalten …<br>• Haben Sie meinen Kommentar in der FAZ gelesen? | • Autoritäten und Experten wirken in unserer Gesellschaft glaubwürdig |
| Knappheit erzeugen bzw. die zeitliche oder quantitative Verfügbarkeit begrenzen | • Mein Angebot ist nur heute gültig.<br>• Diese Gelegenheit gibt es nur einmal | • Dem Knappheitsprinzip zufolge messen Menschen Gelegenheiten/Dingen einen höheren Wert bei, die weniger erreichbar sind |

(Fortsetzung)

**Tab. 7.5** (Fortsetzung)

| Werkzeug | Beispiel | Wirkung |
|---|---|---|
| Suggestive Formulierungen nutzen | • Stellen Sie sich vor, Sie erreichen Ihre Ziele …<br>• Erinnern Sie sich an die Zeit, als Sie Berufseinsteiger waren …<br>• Wenn Sie auf die Zeit in England zurückblicken …<br>• Vielleicht kennen Sie das: Sie stehen vor einer großen Aufgabe …<br>• Angenommen, Sie wären auf sich alleine gestellt …<br>• Möglicherweise liegt die Lösung bereits in Ihnen …<br>• Ich frage mich, ob Sie der/die Richtige für diese Aufgabe sind …<br>• Sie sind sicher neugierig, wie ich die Aufgabe lösen würde …<br>• Was hindert Sie daran, diese Herausforderung anzunehmen? | • Mit suggestiven Formulierungen binden Sie die Aufmerksamkeit Ihrer Mitarbeiter |
| Eine vermeintlich negative Situation in eine anderes (positives) Licht rücken, umdeuten (Reframing), das Positive im Negativen herausstellen | • Scherben bringen Glück!<br>• Aussage des Mitarbeiters: *Frau Meier mischt sich ständig in meine Arbeit ein* Ihre Umdeutung: Vielleicht will Frau Meier Sie unterstützen? | • Indem Sie eine Situation umdeuten, kann Ihr Mitarbeiter eine andere Perspektive einnehmen |
| An ehrbare Motive (als beispielsweise Geld oder Rache) appellieren | • Ein Mitarbeiter mit Ihrer Reputation wird sich doch an so einem politischen Kleinkrieg nicht beteiligen.<br>• Als so erfahrener Mitarbeiter finden Sie bestimmt eine Lösung! | • Durch den Appell an seine ehrbaren Motive fühlt sich Ihr Mitarbeiter verpflichtet, etwas zu tun/unterlassen |

(Fortsetzung)

**Tab. 7.5** (Fortsetzung)

| Werkzeug | Beispiel | Wirkung |
|---|---|---|
| Angemessen dramatisieren und übertreiben | • Herr Meier, mit so einem Verhalten schmeißen Sie Ihren Bonus zum Fenster heraus!<br>• Frau Schmidt, wenn wir das Projekt jetzt gegen die Wand fahren, sehen wir von dem Kunden keinen Cent! | • Durch Dramatisierung verdeutlichen Sie Ihrem Mitarbeiter die Konsequenzen seines Handelns oder Fehlverhaltens |
| Einen (inoffiziellen) Wettbewerb ausrufen | • Ich kann mir nicht vorstellen, dass Sie genau so viele Projekte akquirieren wie das andere Team.<br>• Ob Sie es auch schaffen, das Projekt ohne Zeitverzögerung abzuschließen? | • Leistungsorientierte Mitarbeiter spornen Sie zu Höchstleistungen an |
| Lächeln | | • Sie schaffen eine freundliche Atmosphäre |

# Weiterführende Literatur

Carnegie, D. 2010. *How to win friends and influence people*. New York: Pocket.
Luckner, J.L., und R.S. Nadler. 1997. *Processing the experience – Strategies to enhance and generalize learning*, 2. Aufl. Dubuque: Kendall/Hunt.
Watzlawick, P. 2016. *Man kann nicht nicht kommunizieren,* 2. Aufl. Bern: Hogrefe.
Welch, J. 2005. *Winning*. New York: HarperCollins.



M. Schmiedel, *Trust-based Leadership – Führen durch Vertrauen,*
DOI 10.1007/978-3-658-14875-1

Printed by Printforce, the Netherlands